国家自然科学基金面上项目（42171242）
国家自然科学基金青年项目（41801144）
广东省科学院百名青年人才培养专项（2020GDASYL-20200104007）

张玉玲　著

生态敏感型旅游地环境保护：地理学的凝视

南京大学出版社

前　言

近年来，我国旅游经济快速增长，产业格局日趋完善，市场规模品质同步提升，旅游业已成为国民经济的战略性支柱产业。但是，随着大众旅游时代到来，旅游地生态环境问题日益凸显。1999 年，张家界武陵源风景区突然建起一道垂直高度达 326 米的“天梯”，遭到联合国教科文组织驻中国办事处官员的严厉批评，认为张家界武陵源风景区的过度开发，已经损害到这一地区的自然环境和原始风貌；截至 2014 年，洱海周边共有 1500 多家民宿，接待床位 60870 个，由于客栈建筑垃圾、生产废水、生活污水和游客住宿带来的旅游废弃物直接或间接进入洱海，致使水体发绿、发臭生态污染加剧；2018 年，两名游客偷偷潜入甘肃省张掖市七彩丹霞风景区特级保护区，直接在丹霞地貌上踩踏扬灰，野蛮破坏了大自然上亿年演化才造就的美景，据资料显示丹霞地貌上的一个脚印就需要 60 年恢复期……

人为因素已经超越自然条件的恶化，成为影响旅游地生态环境的主要因素。游客有意或无意的失范行为、居民不合理的生计活动、开发商急功近利的资源滥用、管理者目光短浅的开发决策均会阻碍旅游地可持续发展。此外，随着全球变化加剧以及不可预测自然灾害的频繁爆发，各种旅游相关活动造成的负面影响已经导致旅游地生态环境质量下降，对旅游人地关系系统造成严重扰动。如何科学利用旅游地生态系统的游憩功能，既能提升游客休闲体验质量、保障居民生计发展需求，又能保护自然资源、促进旅游地生态环境保护，成为转型期中国旅游发展亟须解决的问题。因此，在人类可控范围内减少旅游相关活动对景区生态环境造成的负面影响应该受到优先关注。

当前，学术界越来越重视人的行为以及由此产生的环境效应研究。在当今社会变化和研究方法多样化大背景下，逐渐发展了行为地理学、环境行为学、消费者行为学等学科，为旅游地环境保护提供了多维研究视角。关注个体行为的环境保护研究，已经成为认识与解决环境问题，推进旅游地社会—自然生态系统可持续发展的重要视角。

居民与游客是旅游地核心的利益相关者，其行为是否环境友好，对旅游地资源、环境与景观保护有着至关重要的作用。居民生计决定其利用旅游地资源与环境的方式，游客体验与认知是影响其游览行为的重要因素，基于人地关系理论从生计与景观体验角度分别研究居民、游客环境行为发生机理，对于从根本上规避环境干扰行为，引导环境保护行为具有指导意义。

本书选取大九寨和南岭为案例地，采用便利抽样法对居民与游客数据进行收集。通过因子分析、路径分析、结构方程模型等方法，研究生计、文化、灾害等因素对居民保护旅游地环境行为的影响机理和景观环境、地理因素等要素对游客保护旅游地环境行为的影响机制。经不同群体比较发现：(1) 生计资本对居民环境行为有显著影响，然而不同生计策略群体之间存在差异，“旅游参与”不是协调社区发展与环境保护关系最好的生计选择；(2) 在地方依恋嵌入下，价值观、灾害后果认知、保护旅游地环境后果认知等因素对居民环境行为有显著影响，然而不同文化群体驱动路径存在差异；(3) 地理因素对价值观驱动游客环境行为有显著的调节作用，空间距离具有显著的削弱作用；(4) 景观环境对游客环境行为有显著影响，自然景观主要驱动保守环保行为及行为意愿，文化景观主要驱动激进环保行为及行为意愿。

绿水青山就是金山银山，旅游业的特征决定了对生态环境的高标准、高要求。良好的生态环境是发展旅游业的基础，优质的生态产品既是人民日益增长的高品质旅游需求，亦是旅游地产业兴旺、居民富裕的保障。本书是地理学凝视下的旅游利益相关者环境行为研究，是生态文明思想在旅游领域的理论探索，为解决新时代生态敏感型旅游地存在的棘手问题提供良方，助力自然保护地科学管理。

目　录

图目录

表目录

第1章　绪　论

环境是拉动旅游活动的重要因素，对旅游地的吸引力有着重要贡献，同时环境又是旅游产业不可或缺的资产，因此旅游业（尤其是以自然资源为基础的旅游业）高度依赖于环境（Lim et al.，2005）。旅游地环境质量下降不仅降低其吸引力与竞争力，同时也将影响旅游业进一步发展。游客有意、无意的失范行为可能会造成旅游地环境干扰；居民不合理的生计活动，管理者急功近利的资源滥用行为亦会阻碍旅游地可持续发展；此外，随着全球气候变化加剧以及不可预测自然灾害的频繁爆发，各种旅游相关活动造成的负面影响已经导致旅游地生态环境质量下降。因此，在人类可控范围内减少旅游业对环境造成的负面影响应该受到优先关注（Mihalič，2000）。虽然政府行为对旅游地环境质量有着至关重要的作用，但是考虑到调研数据的可得性和样本数量问题，本书仅对居民与游客保护旅游地环境行为影响因素及作用机理进行研究，以期对旅游地环境管理与可持续发展提供理论支持。

1.1　研究背景及研究意义

1.1.1　研究背景

1. 环境负向变化已经成为影响旅游业进一步发展的重要因素

全球环境变化通过气候变化、改变生物化学循环、土地变更和生物多样性锐减等方式改变旅游业环境、资源基础条件，同时对旅游流、旅游需求以及区域旅游业产生一系列影响。加利福尼亚因气候变化、降雪量持续下降，导致该地滑雪场旅游接待人数屡创新低，餐厅、酒店及其他为雪地运动者提供服务的企业随之受到影响。随着天气（气候）变得更为不可预测，滑雪业务或许在横跨加利福尼亚和内华达州的塞拉地区变得不可持续。2017年，携程发布的《酒店春节大数据》显示，雾霾不定期的来临，让消费者更愿意去空气清新的地方住宿，“避霾游”住店需求继续呈现上升趋势。环境持续恶化对区域旅游业将产生不可逆的影响，生态环境是旅游发展的基础，对抗环境恶化将是全球学术研究的长久且重要课题。

为维护生态安全，促进自然资源的科学保护与合理利用，我国政府出台了《中华人民共和国自然保护区条例》《全国主体功能区规划》《建立国家公园体制总体方案》《关于建立以国家公园为主体的自然保护地体系的指导意见》《全国生态旅游发展规划》等一系列政策法规，以规范资源、环境的开发与利用行为。然而，玉龙雪山架设索道直入自然保护区核心区域、南岭国家级自然保护区核心区域修筑旅游公路、祁连山过度旅游开发等生态破坏事件层出不穷。为了生活，地方居民亦是支持甚至欣然参与对地方生态环境产生负面影响的旅游活动。事实证明，环境政策未能有效约束人的生态破坏行为以保护脆弱的自然资源与环境，如何调动人的积极性，激发其实施环保行为，成为学术界解决旅游地生态环境问题的新视角。

2. 旅游活动影响环境质量已经成为不争事实

生态敏感旅游地人地矛盾已十分突出。据统计，仅自然保护区型生态敏感旅游地就占国土陆地面积的 14.84%，然而几乎均受到旅游开发等人类活动破坏，严重威胁区域可持续发展。游客在目的地的个体行为，如践踏、采集、野生动物消费、废弃物处理等均对旅游地生态环境造成负面影响。旅游地居民片面追求眼前经济利益，忽视废弃物的合理处置，造成景区水质、土壤、空气污染的案例比比皆是。由于政府不合理的开发和对资源掠夺式的利用，许多生态完整的地区已经被逐渐分割，使旅游地面临景观破碎化困境。同时旅游业的进一步发展也使土地类型发生改变，加速了当地城市化进程，从而导致动植物群落发生改变。旅游相关活动已对旅游地甚至全球生态环境造成负面影响，研究人类负责任的环境行为对保护旅游地生态环境具有现实意义。

3. 环境行为研究已经成为国际学术界解决旅游人地矛盾的前沿且重要内容

旅游业作为世界第一大产业，随着旅游人数的快速增长，旅游活动对目的地环境产生消极影响日益突出。虽然国际社会联合发出《濒危野生动植物物种国际贸易公约》《生物多样性公约》《联合国气候变化框架公约》等国际环保公约，我国也出台了一系列政策法规，以规范资源、环境的开发与利用行为。然而，人类干扰生态环境的行为依然未得到有效约束。因此，学术界将研究视角转向人类本身，通过剖析行为发生的机理以应对环境问题。通过旅游利益相关者环境行为管理，来减少人类活动对生态环境的消极影响，缓解旅游人地矛盾，成为当前旅游学界一个重要的研究主题。

1.1.2 研究意义

1. 理论意义

以往环境行为研究，侧重从社会心理变量、人口结构特征角度分析其产生的原因，对生态敏感地区居民生产、生活活动与环境行为关系研究关注不够，亦对旅游人地关系系统中景观环境与游客行为之间的关系认知不足。本书以人地关系理论为指导，借鉴可持续生计框架与规范激活模型（Norm Activation Model，NAM模型）等，构建顾及生计因素的生态敏感型旅游地居民环境行为驱动模型，尝试从微观视角揭示人地关系协调或矛盾的本源，进行人文关怀下旅游地环境保护理论构建。同时，比较分析不同类型旅游地游客景观体验认知对环境行为影响的作用机理，并探索“旅游地类型—景观体验认知—保护旅游地环境行为”之间关系的规律，从客体（游客）研究角度丰富了人地关系理论研究内容。

2. 现实意义

首先，本书构建了一种快速甄别促进民生改善与环境保护协调发展的居民生计方式的研究方法，能够指导处于任何旅游发展阶段和不同类型的自然保护区开展社会经济活动的同时保护地方生态与资源，为保护区制定可持续发展政策提供定量分析方法支撑。其次，对不同地方文化、生态环境和灾害背景旅游地居民保护旅游地环境行为及影响因素进行对比分析，并探索不同样本保护旅游地环境行为驱动机制的异同，为合理制定旅游地社区规划和社区居民环境管理措施提供科学依据。再次，探索不同类型旅游地游客文化、自然景观体验认知与保护旅游地环境行为之间的关系及规律，可帮助旅游地根据自身资源、环境属性有针对地制定游客环境教育内容、设计游客体验情景、规划游览路径，促进游客实施保护旅游地环境行为。最后，本书针对旅游地居民与游客保护旅游地环境行为的影响因素进行比较分析，并构建具有普遍适用性的保护旅游地环境行为驱动模型，为制定全民环境教育计划、提高全民环保意识、促进全民实施环保行动具有借鉴意义。

1.2 环境行为

1.2.1 环境行为研究缘起

人类正面临着诸如气候变化、资源耗竭、生物多样性丧失等一系列环境挑战，虽然各地以官方、社会组织的形式展开工程治理、经济制裁、法规约束、环境教育等措施应对从地方到全球不同尺度的生态环境问题，然而人为生态环境干扰依旧存在，甚至是造成生态破坏的主要因素。评估人类行为如何引起这些严重的环境问题并厘清其机制与过程，有利于预测生态环境变化趋势并最终减少负面结果的产生，能够从根本上解决生态环境问题。虽然个体行为可导致全球环境恶化，但是个体行为的改变也会显著减轻人类行为对环境产生的负面影响。为了对人们环境干扰行为施加干预，促进人们参与环境保护，为抵御全球生态环境负向变化，自 20 世纪 90 年代起国际学术界掀起了环境行为研究浪潮。

1.2.2　环境行为概念

经过 40 年的发展，环境行为研究逐渐从社会学、环境心理学扩展到教育学、管理学、旅游学、地理学、管理学等众多学科领域，成为一门交叉学科。Stern（2000）认为环境行为（environmental behaviors）是一个宽泛的概念，它是所有能够造成环境所提供的材料和能量发生变化的行为综合，或是改变生态系统（或生物圈）结构和动力的行为。环境行为可以是诸如资源回收利用、植树种草等正面的、有利于环境的行为，也可以是毁林开荒等负面的、对环境有害的行为。在大多数研究文献中环境行为指的是具有环保意义的行为（表 1-1）。

表 1-1　具有环保意义行为研究

术语	源起	定义	文献出处
环境责任行为（environmental responsible behavior）	评估态度与行为之间的关系	任何个人或团体的行动旨在解决环境问题	Sivek & Hungerford，1990
环境关注行为（environmental concern behavior）	检验何种因素引导个体行为	有助于环境保护的行为	Axelrod & Lehman，1993
亲环境行为（pro-environmental behavior）	基于 Fietkau 和 Kessel（1981）的发现，探讨社会和心理因素对亲环境行为的影响	个人有意识地寻求自己的行为对自然和建造世界的负面影响最小化	Kollmuss & Agyeman，2002

续　表

术语	源起	定义	文献出处
保护性旅游行为（conservational tourist behavior）	生态旅游者的行为	带有环境意识的旅游行为过程，这种行为在吃、住、行、游、购、娱6个环节中都很注意对环境的保护，强调的是旅游与保护的和谐统一，而不偏向某一方面	钟林生 等，2000
环境显著行为（environmental significance of behavior）	开发具有显著环境意义的个人行为理论框架	这种行为改变来自环境的材料或能量的可用性，或改变生态系统或生物圈本身的结构和动态	Stern，2000
可持续行为（sustainable behavior）	检验一个人更可能做出可持续的选择，存在时间观点和个人观点之间的水平拟合	高度考虑未来后果的人更可能行为更可持续，并做出可持续的选择	Meijers & Stapel，2011
绿色消费行为（green consumer behavior）	通过消费者对绿色产品的需求、购买和消费活动，建立消费者生态意识，达到资源和能源有效利用、保护生态环境的目的	从满足生态需要出发，以有益健康和保护生态环境为基本内涵，符合人的健康和环境保护标准的各种消费行为和消费方式的统称	Huang et al.，2014
环境保护行为（environmental conservation behavior）	评估景观体验与游客行为之间的关系	个体有意或无意实施的有利于旅游地环境维护的行为	Zhang et al.，2015

1.2.3　具有环保意义的行为

具有环保意义的行为作为环境行为研究的一个主要且重要的分支，其专有名词的提出及内涵与外延，不同学者有不同的观点。Hines 等（1986）认为负责任的环境行为（environmental responsible behavior）目的在于能够避免或者解决环境问题，它是基于个人责任感和价值观而实施的有意识的行为。Hines 等（1986）将负责任的环境行为分为五类：一，说服行为，通过语言说服他人实施环保行为；二，经济行为，利用经济手段保护环境；三，生态管理行为，为了维护生态系统正常运行或者改善现有生态系统运行机制而采取行动；四，法律行为，利用法律手段为加强环境保护立法、请愿或者监督环境法规的执行；五，政治行为，此行为是通过政治手段促使政府采取行动解决环境问题。Stern（2002）从行为的意向和影响两个方面来界定何为具有显著环境意义的行为（environmental significance of behavior）：从意向导向强调行为者是否具有环保动机；从影响导向强调人的行为对环境产生何种影响。Stern（2002）采用环境行为的影响导向定义并根据行为的激进程度和是否涉及公共领域将行为分成四类：一，公共领域激进的环境行为，如参与环保示威；二，公共领域的非激进行为，如加入环保团体、支持环境立法；三，个人领域的环境行为，如节省水电资源、垃圾分类、购买绿色产品等；四，其他具有环境意义的行为，如公司决策者将环保因素纳入决策过程等。在西方学者研究基础上，中国学者陆续展开环境行为的研究，如孙岩（2006）将居民的环境行为分为生态管理行为、消费行为、说服行为和公民行为四类，王凤（2008）将公众参与环境保护的行为分为环保习惯和公共环保行为两个层次。

此外，具有环保意义的行为概念还有亲环境行为（pro-environmental behaviors），又称环保行为，指对环境造成负面影响尽可能少的行为，甚至是有益于环境的行为（Kollmuss et al.，2002；Steg et al.，2009；Zhang et al.，2014）；环境关注行为（environmentally concerned behavior），即目标在于保护环境的行为（Axelrod et al.，1993）；可持续行为（sustainable behavior），即个体考虑到将来的环境后果而实施的可持续行为和做出的可持续选择（Meijers et al.，2011）；环境责任行为（environmentally responsible behaviors），指个体或群体为了解决和传达环境问题而表现出来的行为（Sivek & Hungerford，1990；余晓婷 等，2015）。

1.2.4 保护旅游地环境行为

本书所研究的环境行为是保护旅游地环境行为，是指旅游地居民与游客为了保护旅游地环境和促进旅游地生态环境问题的解决而采取的主动行为，这种行为是以个人价值观、世界观、道德责任感、认知、情感、生计、情境等因素为基础（刘建国，2007；Zhang et al.，2020）。它是针对特定地点而实施的环保行为，具体包括说服行为、经济行为、遵守景区法规制度、支持景区环境建设、景区环境政策关注和文明生活习惯。其中个体容易做到的是遵守景区法规制度和文明生活习惯两个方面，称其为保守环保行为；经济行为和说服行为比较难做到，因此称其为激进环保行为；支持景区环境建设行为和景区环境政策关注行为与个人利益和个人素质关系比较大，因此称其为景区生态关注行为。

1.3 国内外研究现状

自20世纪90年代以来，环境行为研究取得了很大进展。研究领域涉及社会学、环境心理学、环境行为学、旅游学、地理学等领域；研究内容涵盖环境行为影响因素探讨、环境行为理论模型构建及实证研究等；研究方法有描述统计、回归分析、方差分析、路径分析、结构方程模型分析、总结归纳、元分析等。

1.3.1 环境行为影响因素探索

1. 个体心理认知因素

道德规范 道德规范与环境行为关系的研究可追溯到Schwartz对庭院垃圾燃烧行为的分析（Van Liere et al.，1978）。研究结果显示，关注到庭院燃烧行为会给他人带来负面后果并且愿意对后果承担责任的人，其实施燃烧行为的次数要少于不具备上述两个条件的人。Schwartz（1977）认为，个人道德规范是基于内在价值观的个人期许。个人道德规范反映的是内在价值观的承诺，是一种个人责任感，并且要通过从事某种特定行为才能体验到。个人道德规范一旦被激发将对人的行为起作用。个人道德规范对亲社会行为（pro-social behavior）有很好的解释力，同时对环保行为有显著的影响。近几十年来，有大量研究证明个人道德规范作为中介变量可以有效激活环保行为。Zhang等（2013）对北京的上班族进行调查，发现个人规范对节约能源行为有显著影响。Ebreo等（2003）研究发现，个人规范对减少制造垃圾的行为有显著影响。Harland等（2007）的研究证明，个人规范在情景激活因素和环保行为之间起着显著的调节作用。社会道德规范既是人们社会行为的规矩又是人们社会活动的准则，它是由人们共同制定并明确施行的行为准则，或者是人类在社会互动过程中，为了社会共同生活的需要而衍生出来、约定俗成的行为规矩（冯丽娜，2005）。社会道德规范包括禁令规范（injunctive norms）和描述规范（descriptive norms）：禁令规范是指行为被批准或者禁止的范畴；描述规范反映在何种程度上何种行为被认为是正常的。Cialdini等（1990）曾用社会道德规范解释公共场所乱丢垃圾的行为。

价值观 价值观是指一个人对其周围人、事、物的意义、重要性的总评价和总看法。价值观既是价值目标，表现为价值取向、价值追求，又是人们判断事物有无价值及价值大小的评价标准，表现为价值尺度和准则（彭向刚 等，2014）。价值观不仅是文化的中心表征，又是影响态度、信念、规范和行为最根本的因素，对人类行为有着强大的解释力和影响力（Homer et al.，1988）。早期学者验证价值观与环境行为之间关系所选取的主要价值观测量指标体系，源于Schwart的价值观分类体系中的“自我超越”（self-transcendence）和“自我提升”（self-enhancement）两个维度（Schwart，1992）。之后学者研究陆续证明自我超越价值观对自述环保行为有正相关关系（Karp，1996），而自我提升价值观对自述环保行为的影响则呈现或正或负的关系（Stern et al.，1995；Karp，1996）。Stern从Schwart价值观量表中挑选32个指标并添加两个环境指标，形成具有三个维度（利己价值观、社会利他价值观和生物圈利他价值观）的价值观量表，并且在后期的实证研究中得到广泛应用（Stern，2000；Oreg，2006；Johansson et al.，2013；Zhang et al.，2015）。利己价值观促使人们考虑环保行为的原因是环境问题影响到个人利益或者反对环保的个人成本比较高。持利他价值观的人实施环保行为是考虑到环境问题影响到人类群体（社区、种族、国家、全人类）的生活和利益或者保护环境会使他人受益。自Heberelein的研究工作后，社会利他价值观被认为是研究环境世界观、环境态度、环境信念与环保行为的基础（Heberlein，1977；Van Liere，1980）。生物圈利他价值观是许多生物学家和环保主义者突出的思想，他们是切实关心生物、关注环境状况而实施环保行为（Stern，1994）。

环境世界观 学术界常用新生态范式（new ecological paradigm，NEP）测量环境世界观、环境意识、环境态度、环境信念。NEP量表最初由Dunlap和Van Liere发明，用于测量公众对人地关系的基本认知（Dunlap et al.，1978）。后来随着生态问题的凸显，Dunlap团队又对NEP量表进行修正，增加生态环境题项及反向题设计（Dunlap et al.，2000）。修正过的NEP量表有5方面内容：对自然平衡的看法、对人类中心主义的看法、对人类例外主义的看法、对生态环境危机的看法和对增长极限的看法（Dunlap et al.，2000）。Roberts等（1997）研究证明NEP与诸如回收利用、请愿、节约能源等环保相关的行为有正相关关系；Schultz等（1998）对五个国家进行实证研究，证明NEP与环保行为有关系；Kovács等（2014）通过NEP测量环境态度，研究美国人与匈牙利人环境态度与环保行为之间的关系，结果在两个文化样本中环境态度与环保行为均有正相关关系；Jurowski等（1995）通过NEP量表测量个体的环境价值观，研究发现公众环境价值观水平越高对国家公园保护政策的支持度越高；Husted等（2013）研究墨西哥顾客购买环保认证产品的支付意愿，结果证明环境态度（利用NEP量表测量）与购买意愿呈线性相关，这一研究结论为市场划分提供依据。尽管NEP量表有维度不清的缺陷（Dunlap，2000），但是NEP量表可以有效测量环境态度和预测环保行为，并且得到广泛的验证（Brand，1997；Saphores et al.，2012；Choi et al.，2013；张玉玲 等，2014）。

地方感与地方依恋 自20世纪70年代以段义孚为代表的人本主义地理学者重新将“地方”引入人文地理学研究以来，地方感（sense of place）即成为人文地理学研究的一个主要且重要的概念（Tuan，1974）。与地方感相关的概念有地方依恋（place attachment）、地方认同（place identity）以及地方依赖（place dependence）等。地方感是人的情感与物质环境的联系（Tuan，1974）。Tuan与其他地理学家一致认为地方感是一个现象学过程，地方感是人的情感与物质环境的联系（Tuan，1974）。Tuan与一些地理学家认为地方感是一个现象学过程，是高度个人化的经验，并且是很难被量化的模糊概念，但是有些学者认为地方感可以被测量并且适用于各种研究工作（Golledge et al.，1997）。在人文地理学、社会学、心理学和旅游学领域地方依恋（或地方感）得到广泛的应用，并且被认为是影响人类行为的因素之一。然而不同学者的研究结果却存在一定差异，有的研究认为地方依恋与环保行为联系很少，甚至没有关系；有的研究则证明环保行为受地方依恋影响（Scannell et al.，2010b）。Uzzell等（2002）推测地方依恋可能与环保行为没有关系，因为个体一般不会对环境质量差的社区产生认同，所以他们也不会意识到有必要实施保护这里环境的行为。Hernández等（2010）测量地方依恋、地方认同对诸如破坏环保法规之类反生态环境行为的作用，发现地方认同通过环境态度和个人规范对反生态环境行为产生影响，但是地方依恋对反生态环境行为无影响。Kaltenborn（1998）是早期支持地方依恋与环保行为存在关系的学者之一，他认为地方依恋促使居民对环境后果产生一定的响应。Stedman（2002）利用一维的地方依恋结构检验地方依恋对环保行为意愿的影响，他发现对一个地方积极的情感和认同可以强烈影响季节性和长久性居住在该地区的居民参与环境保护。Vaske等（2001）研究在以自然为基础的社区项目中年轻员工的负责任行为，利用地方依恋的两个维度——地方依赖和地方认同进行分析，结果发现地方依赖（place dependence）通过地方认同（place identity）对负责任的环境行为起作用。Ramkissoon等（2012）认为地方依恋是个多维度的结构，包括地方依靠、地方认同、地方情感和地方纽带，并基于态度—行为模型检验不同的地方依恋维度是否对国家公园游客环保行为意愿有影响，结果发现不同维度地方依恋通过满意度的调节对环保行为意愿起作用。

衡量成本与收益 各种研究证明，环保行为始于人们假设选择合理的行为和改变行为会带来收益最大化和成本（金钱、精力、社会条款）最小化。计划行为理论便是基于成本与收益考虑设计并得到广泛论证的模型。人们处理生活垃圾、购买节能电器、使用资源以及一般环境行为的实施都会从成本与收益角度考虑（Mannetti et al., 2004；Montano et al., 2008）。如果实施环保行为很便利，而且改变行为的代价不高，最终会给自己带来可预见的利益，那么人们将乐于参与环保行动。张玉玲等（2018）关于广东南岭自然保护区社区居民的研究，证明居民感知到的环境管控所带来的收益能够有效激发其实施保守型环保行为和激进环保行为，然而感知成本对这两种环保行为均无影响。

情感 早期关于情感与环境行为关系的研究主要聚焦汽车这类交通工具的使用。Gatersleben（2007）研究认为使用汽车与情感和象征因素有显著关系。Dittmar（1992）提出物质产品的使用符合三个功能：工具、象征符号和情感。Steg（2005）指出使用汽车与象征符号、情感动机有很强联系，而与工具动机联系较少。研究证明，骄傲、内疚、气愤、罪恶感和尴尬等情感因素对环保行为意愿或者环保行为有着显著的影响。Harth 等（2013）比较了情感的骄傲、内疚和气愤维度对三种环保意愿的影响，发现内疚能够预测修复受损环境的意愿；气愤可以预测惩罚违法者的意愿；骄傲可以预测参与环境保护的意愿。Ferguson 等（2010）认为集体罪恶感在共同影响全球变暖的信念与愿意实施减缓措施的意愿之间起调节作用，当全球变暖的信念使集体罪恶感增强时，节省能源与交纳环保税的意愿也增强。其他集体情感，如骄傲、高兴在特定背景下也能激发环保行为。个人情感对环保行为或者行为意愿也起到重要作用，如 Kaiser 等（2008）利用四个不同文化群体（高水平个人主义与低水平个人主义，英语语言与西班牙语言）的横断面调查数据验证了拓展版的计划行为理论，结果发现从个人角度几乎区分不开期望的罪恶感和尴尬，并且两者均能增加计划行为理论对环保行为的解释方差。王建明（2015）构建环境忧虑感、行为愧疚感、行为厌恶感、环境热爱感、行为自豪感、行为赞赏感六维度环境情感模型，指出环境情感对消费碳减排行为的具体显著影响。

2. 个体社会结构与生计因素

社会经济与人口结构 Van Liere 等（1980）在解释年龄对环境关心行为

的负向影响时，提出了社会秩序融入机制，即年长的人比年轻人融入社会秩序程度更高，其认为解决环境问题是对社会秩序的破坏（栗晓红，2011），所以年长的人更抵触环境政策和环境行动。Roberts（1996）研究认为年龄与绿色行为成正比关系；Wiernik 等（2013）利用元分析方法证明年长者在避免破坏环境、保护自然资源等方面比年轻人做得更好；而 Straughan 等（1999）认为年龄与环保行为没有显著关系。就性别对环境行为的影响来看，有些研究认为男性比女性更关心环境（Arcury et al.，1990），有些则认为女性比男性更为关心环境（Wester et al.，2011），还有些认为两性的环境行为没有显著区别（Hunter et al.，2004；栗晓红，2011）。Clark（2003）认为高收入家庭往往表现出更强的环保意愿和实际行动，因为高收入者受教育程度普遍较高，他们的环境知识及其对生态问题的关注也较多（Poortinga et al.，2004；Staats et al.，2004）；但是也有研究认为经济收入低的群体更关心环境，因为低收入者可能遭受更多的因环境破坏而造成的不良后果（Dunlap et al.，2008）。

生计　自然环境为居民生计策略的选择提供了物质基础，并奠定了其空间分异的基本格局。然而在环境变化影响下，居民生计资产会剧烈变化，所处环境也会更加脆弱。为了应对危机使自身免遭损害或将损失降到最低程度，居民往往会改变原有生计策略（Osbahr et al.，2008）。近年来，受全球环境变化影响以及人口、牲畜数量的快速增长，青藏高原天然草场超载、过牧导致区域草甸大面积退化，局部地区开始沙化。该区域农牧民的生计主要依赖草地、耕地和药材等自然资源，草地退化和药材资源锐减直接导致农牧民不得不寻求新的生计途径（阎建忠 等，2010）。吴孔森等对民勤绿洲社区的研究也证实在环境变化扰动下，农户自然资本受到严重的削减，从而引发了农户的适应行为，农户生计活动的重心正逐步发生改变，传统单一的生计方式趋于多样化（吴孔森 等，2016）。在不同的历史时期，区域生态系统变化主要受到居民生计的驱动，居民生计行为的变迁决定本地生态系统的演化路径及结果（王成超，2010）。生计方式是影响居民响应人口压力和环境退化的决定因素，可以解释和解决生态脆弱区的人口压力和环境退化问题，劳动力向第二、三产业转移有利于居民生计改善，也是区域实现生态恢复和重建的前提（阎建忠 等，2006）。不可持续的生计成为相对贫困地区生态环境问题的基本原因，因此农村居民可持续生计建设是生态屏障建设的根本目标（盛科荣，2006）。生态建设过程往往会给农户的生计发展带来明显的制约，为了持续保护生态环境，许多研究将农户替代生计融入保护计划中。张春丽等（2008）对三江自然保护区生态建设和替代生计选择进行了研究，并提出采取生态移民、传统农业改造和多元化产业发展的替代生计模式，来引导三江自然保护区的持续与和谐发展。此外土地利用、覆被变化和能源利用等是农村居民生计影响生态环境的重要中介，同时生计转型也会引起乡村聚落空间演进模式（Haan，1992；梁育填等，2012；Chen & Lopez-Carr，2015；王新歌 等，2017）。

3. 情境与体验因素

背景与情境因素 许多背景因素（contextual factors）既可以促进或者阻碍环境行为，也可以影响个人动机（Stern et al.，1999；Van Raaij，2002；Nair et al.，2010）。比如提供回收设施、便利的公共交通、商品的市场供应、定价制度可以强烈影响人们参与有利于环境保护的行为。背景因素对行为起作用可以通过四种方式：一，背景因素直接影响行为，比如没有合适的公共交通服务，个人旅行的交通工具会增加碳排量（Bamberg，1999；Fujii，2003）；二，背景因素与行为之间可以通过态度、情感、个人规范等因素联系；三，背景因素可以作为动机与行为的中介变量，并且背景因素对行为的影响要依靠个人因素（Geller，1995）；四，背景因素能够决定何种类型的动机对行为作用最强（比如设施齐备时，道德规范与回收利用废弃物的频率呈强相关关系）（Guagnano et al.，1995）。Brand（1997）认为情境因素影响日常生活领域的环境行为，最为一般的情境因素是社会结构与文化背景，如工业化程度、富裕水平、社会分化与整合的形式等，这些情境对行动者的生活以及体验实现的方式产生影响（彭远春，2013）；其次，日常生活情境对重现公共环境讨论与环境行为规范有着选择性作用（彭远春，2013）。

体验 体验是指通过参与一个活动而形成的个人思想、情感、感觉、知识和技巧，包括感官印象、情感、行为、知性的感觉、思维、关系和反射反应（何学欢，胡东滨，粟路军，2017）。众所周知，生态旅游商家为游客提供的体验可以促进和鼓励游客产生与环保利益一致的价值观（Higham & Carr，2002）。这种价值观对游客现场体验期间及后期的行为都有着影响，有利于提高游客实施环保行为的频率。M. G. Millar 和 U. Millar（1996）调查了直接和间接体验对顾客态度和行为的影响，发现直接体验比间接体验对顾客行为的影响更强烈。Schänzel 和 McIntosh（2000）对新西兰野生动物园的游客进行调查，探索游客从野生动物观赏活动中能得到什么益处，发现野生动物观赏体验可以提高游客环境关注水平，促进其实施保护行为。体验具有环境教育功能，并且对游客的认知和情感产生影响，从而促进其实施积极的环境行为（Ballantyne et al., 2009; Ballantyne et al., 2011a; Ballantyne et al., 2011b; Chiu et al., 2014)。旅游涉入作为体验的深度被用于分析生态旅游地游客体验与环境行为之间的关系，刘静艳等（2009）研究发现游客的生态住宿体验和个人涉入度对游客的环保行为意向具有显著的正向影响。

1.3.2 不同理论视角下环境行为形成机制

1. 规范目标分析框架下的理论模型

Schwartz（1977）建立规范激活模型解释道德规范与行为之间的关系，尤其是解释为什么个体会按照他们认可的道德准则行事。Schwartz 认为道德规范作为特殊的文化准则在人际交往中判断什么是好，什么是坏。道德规范与行为之间关系的建立取决于个体如何定义行动情况（action situation）。个体定义行动情况之前必须满足两个必要条件才能激活道德规范，最终影响行为。这两个必要条件是：一，要意识到个体行为可能会对他人福利造成影响（awareness of consequence, AC）；二，个体要对行为和行为后果有责任感（awareness of responsibility, AR）。如果 AC 和 AR 缺失，人们将不会意识到自己正面临一种道德选择，规范也不会对行为产生影响。最初学术界利用 NAM 模型研究道德规范对节约能源（Black et al., 1985; Zhang et al., 2013）、回收利用（Guagnano et al., 1995; Saphores et al., 2012）、旅行方式选择（Hunecke et al., 2001）或环保购物的影响（Thøgersen et al., 2006），但是现在更多的是将 NAM 理论引入其他模型，把道德规范作为中介变量解释环保行为（Christensen et al., 2007; Huijts et al., 2012; López-Mosquera et al., 2012）。

Stern 团队基于价值观理论（Schwartz, 1992）、行为激活模型（Schwartz, 1977）、新生态范式（Dunlap et al., 2000）创建了价值观—信念—规范理论（theory of values-belief-norm, VBN）（Stern et al., 1995; Stern, 2000）。VBN 模型因果链如下：价值观→生态环境信念→基于环保的个人规范→行为。其中信念包括三方面内容：环境世界观、后果认知和责任感知。在 VBN 模型中，责任感知是连接后果认知与行为的中介，后果认知是连接环境世界观与责任感知的中介，环境世界观是连接价值观和后果认知的中介，每个中介元素不可缺少，否则模型不成立。VBN 理论自 2000 年创立以来得到广泛应用，如公园游憩支付意愿（López-Mosquera et al., 2012）、保护生物多样性承诺（Menzel et al., 2010; Johansson et al., 2013）、改变交通方式（Jansson et al., 2011）、节约能源（Sahin, 2013）、评估管理备选方案（Steg et al., 2005）、支持环保主义运动

（Stern，1999）和环保行为研究理论创新等领域（Papagiannakis et al.，2012）。

2. 目标导向下的理论模型

Schwartz 构建的 NAM 理论用于解释道德规范与行为之间的关系——尤其是为什么按照个体认可的道德准则他们会选择或者放弃某种行动。Schwartz（1970b）认为道德规范作为特殊的文化准则由人际交往中“好”与“坏”的评判组成。因此道德规范代表我们已经习得的在人际交往中关于如何对待他人的期望。Schwartz（1970b）认为道德规范与行为之间的关系依赖于个体如何定义行动情况，在个体定义行动情况之前有两个必要条件非常重要，只有具备这两个必要条件道德规范方能激活从而影响行为。首先行为者要注意到个体行为对他人的利益可能造成影响（即 AC），其次是行为者要为自己的行为或行为结果负责任（即 AR）。Schwartz（1970b）认为在决策过程中个体特征和情境因素可以影响后果认知或责任归属感的程度，如果缺少后果认知和责任归属感，个体将不会意识到自己面临道德选择，因此道德规范也不会影响他们的行为。简言之，计划行为理论中行为直接受到行为意愿（behavioral intentions）的影响，而行为意愿又由态度（attitudes）、主观规范（subjective norm）和感知行为控制（perceived behavioral control）决定，具体模型如图 1-1。态度是个体对行为积极或消极的评价；主观规范是个体从事某种行为的社会压力；感知行为控制是个体实施某种行为所感受到的压力——困难或容易。计划行为理论被广泛用于环境领域研究各种行为，如：环境政策参与（Ford et al.，2009；Wauters et al.，2010）、回收利用（Mannetti et al.，2004；Tonglet et al.，2004）、生物多样性保护（Spash et al.，2009）、绿色消费（Han et al.，2010）和防治土壤侵蚀（Wauters et al.，2010）等。

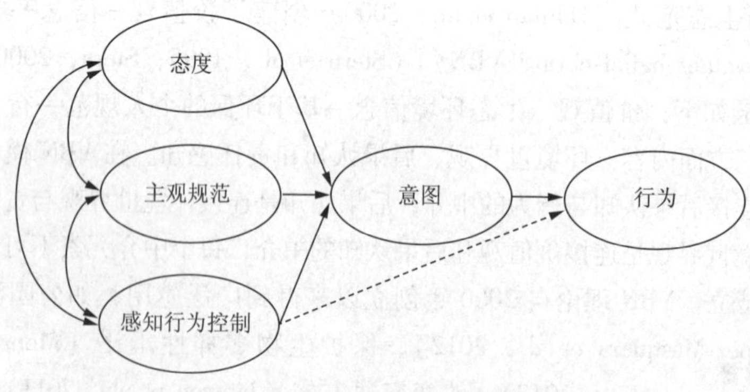

图 1-1 计划行为理论

3. 情感认知分析框架下的理论模型

段义孚将广义的地方感分为根植性（rootedness）与地方感（sense of place）两个维度，其中根植性体现的是一种心理上的情感依附与满足，而地方感表现的则是社会层面上身份的建构与认同的形成（Tuan，1980；朱竑 等，2011）。不同研究者都曾探讨过地方感的维度：Tuan（1974）认为地方感是一个可满足人们基本需要的普遍的情感联系的一维概念；Kyle（2007）研究认为地方感是一个比地方依恋和其他术语（地方认同和地方依赖）包容性更强的术语，但是其本身的含义却相对模糊；Jorgensen（2001）认为地方感是由地方依恋、地方认同和地方依赖三个维度构成的。

地方依恋最初是环境心理学研究中描述人与地方之间情感联系的一个概念，通常认为，地方依恋与人文地理学中的地方感具有相同的核心内涵（朱竑 等，2011）。地方依恋有多种定义方式，但是较为共同的观点是地方依恋代表个人、群体、社区成员与其生活环境之间的情感联系（Carrus et al.，2013）。关于地方依恋维度的争论较大。有些研究者指出地方依恋是个一维的概念，在一定程度上与诸如地方认同（place identity）、地方依赖（place dependence）等概念等同（Devine-Wright，2011；Hernández et al.，2013）。一部分学者认为地方依恋是一个多维的结构，它包括多种因素：两个因素（地方认同和地方依靠）、三个因素（地方认同、地方发现和地方依靠）或者五个因素（地方认同、地方依靠、自然纽带、家庭纽带和朋友纽带）（Cropanzano et al.，2005；Scannell & Gifford，2010；Hernández et al.，2013）。还有一部分学者则认为地方依恋是更高一级的概念，如地方依恋、地方依靠和地方认同是地方感的三个维度（Jorgensen et al.，2001；Hernández et al.，2013）。定义情感与地方之间的关系普遍认为需要考虑社会与自然两方面的重要性（Scannell et al.，2010a；Carrus et al.，2013）。测量地方依恋的方法有定量研究和定性研究（Hernández et al.，2013）。测量地方依恋的定量研究方法在内容和特征上均有差异，有些学者用1个或2个指标测量，而绝大多数学者则用李克特量表（Likert Scale）测量。定性研究（如深度访谈）以综合的方式寻求把握现实，从而达到参与者的高度参与。当设施（settings）激发或增强个体对自然资源的情感，地方依恋便会产生。这些个人的意义至少不受到承诺和时间资源结构经验的影响。如果这些依恋产生于个人生活的其他方面，那么一般来说个体或许能更倾向于表现环境负责任的方式（Vaske et al.，2001）。许多环境研究领域的学者认为，如果一个人与其所处的自然、社会环境有很强的关系，那么这种关系会引导个体以更友好的方式与环境相处，并且个体会采取更为环保的生活方式（Carrus et al.，2013）。

场域理论（field theory）认为个体行为是受内部与外部共同影响的“动态”场域的作用（Lewin，1951），即人的行为受到环境和个体心理因素的叠加影响。Guagnano 等在 Lewin 行为模型的基础上，构建了态度—情境—行为理论（attitude-context behavior theory，ABC），指出个体环境行为是环境态度和情境变量共同相互作用的结果（Guagnano et al.，1995）。ABC 发现了内在态度因素和外部情境变量对环境行为的共同影响，并验证了情境变量在环境态度与环境行为关系分析中的中介作用。鉴于工业化国家的过度消费是造成生物不可分解添加物的主要原因，Carmen 等（2003）通过研究消费者购买绿色食品的个人因素及情境障碍，以促进人们转向更可持续的消费模式。他们研究不同类别的个体因素（如态度、个人规范、知觉行为障碍、知识）和背景因素（如社会经济特征、生活条件和商店特征）对瑞士消费者绿色购买行为的影响。回归分析的研究结果显示，消费者对环境保护、公平贸易、本地产品、获得与行动有关的知识等事项的正面态度有助于购买绿色食品。

1.3.3 研究评述

1. 旅游地居民层面环境行为研究评述

在发展与保护的博弈过程中，居民作为旅游地最核心的利益相关者，其行为对地方生态环境保护具有重要作用。虽然前人已从生态旅游、可持续旅游和社区旅游等领域探索了旅游开发背景下民生改善与环境保护协调发展的理论方法（Lee & Jan，2012；Chiu et al.，2014；Cheng et al.，2019），然而就“旅游地发展与保护”而言，旅游参与群体与采取其他生计方式的居民相比，谁的参与更有效，仍然是一个待解决的问题。因此，分析生态敏感型旅游地居民生计、环境行为、社区发展和环境保护之间的关系，构建甄别促进保护与发展协同的最优生计模式理论，有利于快速、精准地指导生态敏感型旅游地可持续发展。

人地关系始终是地理学研究的核心议题，无论是全球气候变化研究，还是社会、生态系统的适应性循环、脆弱性、恢复力研究，其关注的重点始终是地球表层环境与人类间的相互影响与反馈作用。人类不合理的活动在造成环境破坏的同时又以一种环境反馈的形式作用于人类本身，严重制约着人类的可持续发展。虽然学者们以海岸带、青藏高原、中国西北干旱地区等生态脆弱地区为案例，揭示了人类行为响应环境变化的驱动机理，然而并无法解释突发自然灾害对居民心理和认知的影响以及灾害对居民环境行为是否有影响。因此，研究地方依恋嵌入下特大自然灾害对居民环境行为的驱动机制，有利于从微观个体角度揭示人地关系互动。

2. 游客层面环境行为研究评述

为减轻旅游活动对环境的影响，学者们从环境教育（Christensen et al.，2007；Ballantyne et al.，2009）、消费者行为（Han，2014）、绿色酒店选择（Han et al.，2010；Han & Han，2015）和生态旅游（Higham & Carr 2002）等领域，探索解决人为活动造成生态干扰的理论方法。价值观、道德规范、态度、地方依恋等因素被用于解释环境行为的发生，并作为制定调控游客行为策略的依据，为推进环境行为理论发展和管理实践做出巨大贡献。然而，游客行为失范常有发生，既有特定景观环境下不自觉的失范行为，也有非特定场所的共性失范行为。因此，探索景观与人的互动关系，揭示景观环境对游客行为是否有引导作用，其作用机理如何，文化景观与自然景观对游客保守环保行为和激进环保行为的作用机制有何异同，对于推进旅游人地关系理论研究具有重要作用。

旅游环境不同于居住环境，旅游情境中游客身份处于匿名状态，惯常环境（居住环境）下的道德规范及政策制度约束力被弱化，因此旅游者心理与行为有异于日常生活环境（赵黎明 等，2015）。这种异化源自流动性空间转化，距离因素起主导作用。在既有的环境行为理论模型框架下，探讨空间距离对规范激活模型的环境行为驱动是否有影响以及有何影响，将有助于推动旅游地理学与环境心理学的跨学科研究。

1.4　研究思路与内容

1.4.1　研究思路

本书在查阅大量相关文献的基础上总结国内外环境行为研究的理论、模型和数理方法，归纳影响个体实施环保行为的因素，在实证主义理论范式指导下构建价值观、地方依恋、灾害后果认知、景观体验认知、生计资本变化认知等心理变量与保护旅游环境行为变量关系理论假设；根据研究需要选取合适的案例地并设计调查问卷以获取数据建立数据库；利用结构方程模型分析各因素对保护旅游地环境行为的驱动机理，利用多群组结构方程模型横向比较不同文化背景下不同居民群体间、不同类型旅游地游客群体间环保行为驱动路径的差异，以提升现有理论水平，为具体实践做出指导（图 1-2）。

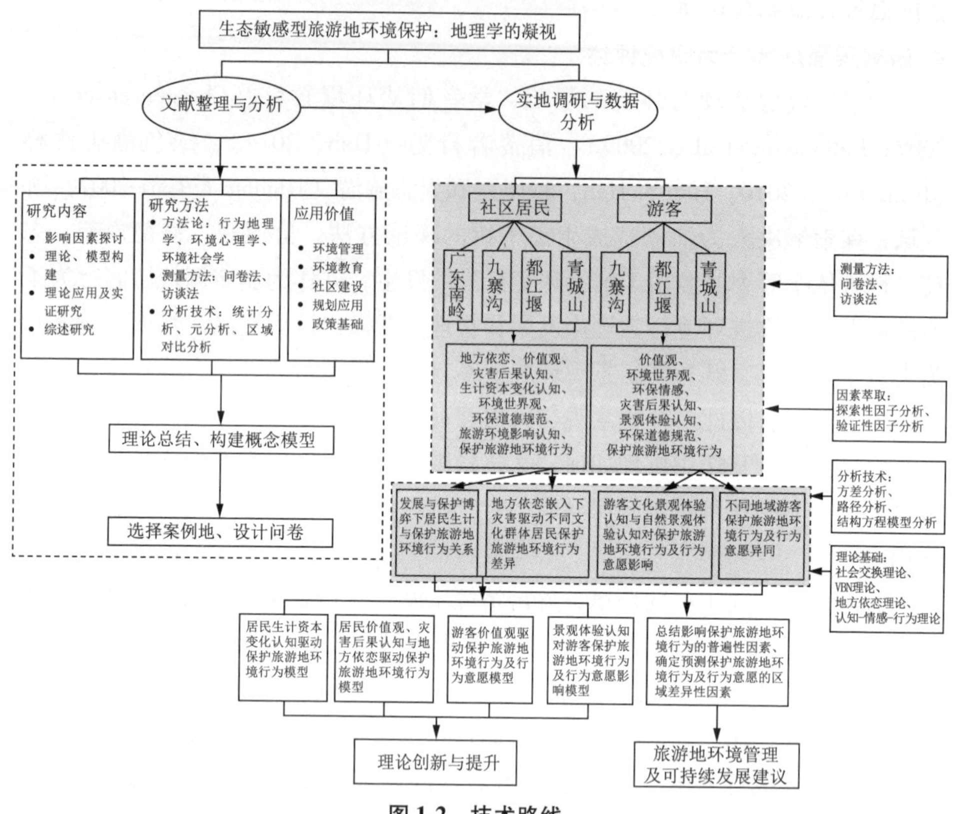

图 1-2　技术路线

1.4.2　研究内容

本书共分为四个部分，第一部分是背景介绍，包括第 1 章绪论，着重阐述保护旅游地环境行为研究的背景、意义与研究情况，对国内外研究文献进行梳理寻找研究空间。

第二部分是理论基础、研究假设和研究方法，包括第 2、3 章的内容。其中，第 2 章为理论基础，介绍本书需要用到的理论与模型；第 3 章是研究设计，介绍研究方法并提取变量结构维度，在 NAM 模型、VBN 理论、地方依恋理论、社会交换理论、认知—情感—行为模型以及实证研究成果的基础上提出研究假设，构建“地方依恋嵌入下灾害后果认知驱动居民保护旅游地环保行为模型”等概念模型。

第三部分是对保护旅游地环境行为驱动模型的实证研究，包括第4、5、6章。第4章是居民保护旅游地环境行为驱动模型的验证分析，分别对不同生计群体、不同文化群体模型路径进行分析，同时探讨地理位置与各人口统计变量交互作用下对居民实施环保行为是否产生影响。第5章是游客保护旅游地环境行为驱动模型的验证分析，对不同类型旅游地、不同客源地结构方程模型路径进行比较。第6章对比分析居民与游客实施保护旅游地环境行为驱动因素，寻找共同因子，构建具有普遍适用性的中国特色保护旅游地环境行为驱动模型。

第四部分是文章的理论总结与提升及其实践应用，总结此前各章的主要研究成果，提出具体的旅游地环境可持续发展建议和本书的主要创新之处，探讨研究中存在的不足，提出未来研究的方向。

1.5 研究方法

1.5.1 调查研究

预调研期间，在已有文献资料整理的基础上，通过访谈法和实地观察法分析居民保护旅游地环境的原因、相关环保行为的内容、环境管制下生计变化认知以及对自然灾害后果的认知等；同时分析游客对旅游地自然和文化景观体验会产生什么样的认知、是否会产生与环保相关的情感、游客保护旅游地环境的动机是什么、有什么相关环保行为等。实地调研是在预调研的基础上，设计五分制李科特量表问卷采集数据。

1.5.2 比较研究

以地方文化差异为落脚点，对九寨沟和青城山-都江堰社区居民保护旅游地环境行为和各行为影响因子进行比较；对两地社区居民保护旅游地环境行为驱动机制进行对比分析；对居民生计方式进行划分，比较不同生计群体生计资本变化感知对其环境行为影响的异同。以旅游地类型为视角分析青城山（自然景观与文化景观并重的旅游地）、都江堰（文化景观为主、自然景观为辅的旅游地）、九寨沟（自然景观为主、文化景观为辅的旅游地）游客自然与文化景观体验认知对环保行为驱动机制的差异，比较不同客源地（四川省内、邻省、中西部与东部）游客价值观驱动环保行为路径的异同。

1.5.3 具体技术

（1）运用探索性因子分析确定价值观、环境世界观、环保行为、生计资本变化认知、地方依恋、景观体验认知等因子的维度，用验证性因子分析确定各测量模型。

（2）用析因设计方差分析比较在地理因素和人口统计变量交互作用下对环保行为的不同维度是否有影响。

（3）利用结构方程模型结合 VBN 理论和地方依恋理论建立更综合的理论模型，分析居民价值观、灾害后果认知、地方依恋与环保行为之间的关系，测算结构贡献路径；结合认知—情感—行为理论建立结构方程模型，分析游客自然、文化景观体验认知与环保行为之间的关系，测算结构贡献路径。

（4）用不同群体结构方程模型方法分析九寨沟与青城山-都江堰社区居民“地方依恋嵌入下灾害后果认知驱动保护旅游地环境行为模型”；运用不同群体路径分析方法比较九寨沟、青城山、都江堰三种类型旅游地游客“景观体验认知对保护旅游地环境行为影响模型”路径异同以及对四川省内、邻省、中西部地区和东部地区游客“价值观驱动保护旅游地环境行为模型”进行对比分析。

（5）采用回归分析方法研究生计资本变化认知（社会资本、文化资本、金融资本、人力资本、物质资本）与居民保守环保行为、激进环保行为之间的关系，辨析何种生计资本变化对居民环境行为影响最强烈。

第2章 理论基础

性别、年龄、学历等社会结构变量对环境态度或环境行为的解释方差仅能达到中等水平（Buttel，1987），而价值观、态度、规范等心理因素对环境行为有着较强的解释力（Steg et al.，2009）。近几十年来，有诸多学者结合多种心理因素建立理论模型预测环境行为，如TPB、NAM、VNN、态度—行为理论、地方依恋理论等。本书主要从文化、生计、灾害、地方依恋和景观体验认知角度分析社区居民、游客保护旅游地环境行为，因此选取NAM、VNN、地方依恋理论、认知—情感—行为理论和社会交换理论作为理论支撑。

2.1 价值观—信念—规范理论

一直以来，各种研究试图揭示价值观怎样、在何等程度上影响行为。价值观—信念—规范理论对这一问题做出了科学解释，被广泛用于环保领域解释各种环境行为。VBN理论由价值观为基础的环保行为理论（values-basis of environmental conservation）、NEP理论和NAM理论构建而成（Stern，2002）。

2.1.1 规范激活模型理论

Schwartz（1977）规范激活理论用以解释亲社会行为的发生。亲社会行为是任何有益于他人的行为，它包括帮扶、分享与合作等（Batson et al.，2003；Aronson et al.，2005）。亲社会行为的发生受个人规范决定，而个人规范又由后果认知（awareness of consequence）和自我责任归属感（ascription of responsibility）决定。后果认知是指个体意识到自己或别人的行为（或者某种状况）会对他人带来负面影响；自我责任归属感是指个体认识到如果自己采取积极行动能够帮助他人避免负面影响。当个体意识到自己或别人的行为（或者某种状况）会对他人带来负面影响，并且认识到如果自己采取积极行动能够帮助他人避免负面影响时，那么个体可能在道德层面产生责任感——有义务帮助别人。个人规范被激活后，个体就会实施有益于他人的亲社会行为。简单的地说，NAM模型因果链为：后果认知→感知责任→个人规范→行为（图2-1a）。Heberlein（1977）将规范激活理论引入环境领域用来解释环保行为发生的原因：环境是公共资源，不属于个人财产，且保护环境有利于避免环境负向变化对他人造成危害，因此保护环境的行为属于利他行为。实证研究表明，该理论能够解释很多类型的环保行为，如节约能源（Black et al.，1985；Zhang et al.，2013）、回收利用（Guagnano et al.，1995；Saphores et al.，2012）、经济环保行为（Liebe，2011）和环境说服行为等（王宁，2010）。

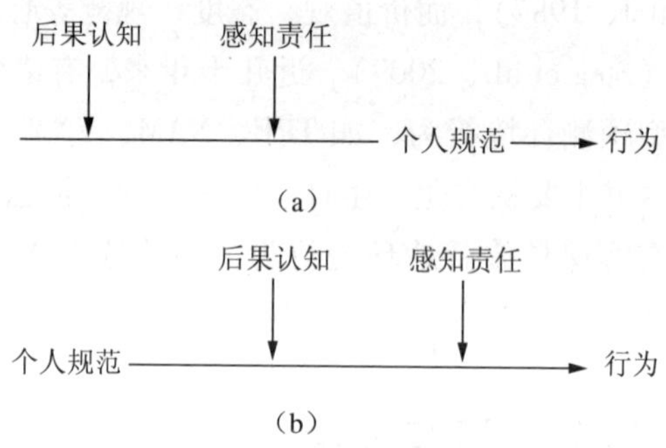

图2-1 规范激活模型

2.1.2 Schwartz价值观理论与Stern价值观理论

从Schwartz（1977）的NAM理论来看，环保行为是一种利他主义行为，是由关注他人福祉的价值观产生的内在道德规范所激发的。如果人们采纳上述价值观并且暴露在个人规范被激活的状态下（意识到破坏环境的负面后果并且认为自己有责任），那么他将会实施环保行为。后来Schwartz超越"他人福祉"范畴，试图定义更广泛的人类价值观，以探索价值观与环保行为之间的关系。1994年Schwartz团队经数次大规模的跨文化研究，开发了具有普适性价值观的量表（Schwartz，1994）。Schwartz价值观量表有两个维度：自我超越或自我提升（self-transcendence/self-enhancement）和乐于改变或保守（openness to change/conservation），共计56个题项，测量10种不同的价值观。"自我超越"源自对他人福祉的关注，而"自我提升"则是对自己利益的关心；"乐于改变"反映在何种程度上个体被自己的情感和知识所刺激，而"保守"则反映保留现状的动机。学者们的实证研究陆续证明，自我超越价值观与自述环保行为有正相关关系（Karp，1996），而自我提升价值观对自述环保行为的影响呈现或正或负的关系（Stern et al.，1995；Karp，1996）。

Stern 从 Schwart 价值观量表中挑选 32 个指标并添加两个环境指标，形成具有三个维度（利己价值观、社会利他价值观和生物圈利他价值观）测量环保行为的价值观量表，并且在后期的实证研究中得到广泛应用（Stern et al.，1995；Karp，1996；De Rojas et al.，2008；Milfont et al.，2010；Van Riper et al.，2014）。利己价值观促使人们考虑环保行为的原因是环境问题影响到个人利益或者反对环保的个人成本比较高。持利他价值观的人实施环保行为是考虑到环境问题影响到人类群体（社区、种族、国家、全人类）的生活和利益，或者保护环境会使他人受益。生物圈利他价值观是许多生物学家和环保主义者突出的思想，是切实关心动植物、关注环境状况而实施环保行为（Stern et al.，1994）。

2.1.3　新生态（环境）范式

虽然在以往研究文献中出现若干种测量环境态度（或者环境世界观、环境信念、环境意识等）的方法（Maloney et al.，1973；Maloney et al.，1975；Weigel et al.，1978），然而 Dunlap 与 Van Liere 团队所创立的新生态（环境）范式量表〔new ecological（environmental）paradigm；NEP〕是使用最广泛的方法（Dunlap et al.，1978；Dunlap et al.，2000）。Dunlap 等（1978，2000）认为 NEP 能够测量社会心理学家所提出的“环境信念”概念——人地关系认知，并且他们用范式（paradigm）这个词来表征。NEP 认为，虽然人类具有特殊的能力（文化和科技等），但依然是全球生态系统中相互依赖的众多物种之一；人类事件不仅受到社会文化因素的影响，而且还受自然界各种复杂的连锁因素影响；人类居住并依赖于一个有限的生物、物理环境，这种环境对人类事件施以潜在的约束；虽然人类科技发展使环境承载力得以暂时扩展，但依然不能否定生物学的发展规律。

NEP 量表被心理学家（Stern，2000）、地理学家（Lalonde et al.，2002）、社会学家（Dalton et al.，1999）和人类心理学家（Shoreman-Quimet et al.，2011）广泛接受，用于测量环境态度和环境信念。最初的 NEP 量表由三个维度组成：自然平衡、非人类中心主义和增长极限（Dunlap et al.，1978）。新环境范式的目的是，测量关于人类破坏自然平衡能力、人类社会增长存在极限和人类有权统治自然界的生态信念（Dunlap et al.，2000）。随着全球生态环境问题突显，20 世纪末期 Dunlap 团队（2000）对新环境范式进行修正，并添加两个维度——人类例外主义（认为人类不受大自然控制）和生态危机（关注当今可能出现的生态灾难）。新生态范式量表共含15个题项，其中8项评估人们生态观点，7项评估人类中心主义观点。

Roberts & Bacon（1997）研究证明NEP与回收利用、请愿、节约能源等环保相关的行为有正相关关系。Mobley等（2010）通过网络调查，研究美国居民环境知识、环境意识、普通环境态度（NEP量表测量）、人口统计变量与负责任环境行为之间的关系并进行比较，发现NEP对负责任环境行为的解释力不如环境知识和环境意识。Kang等（2012）研究美国酒店顾客的环境意识（利用NEP量表测量）与酒店环保设施付费意愿之间的关系，结果证明顾客环境意识水平越高越愿意支付环保设施费用。Choi（2011）利用NEP量表测量环保态度并研究其与支付意愿（用于保护濒危物种）之间的关系，结果证明环保态度显著影响支付意愿。Boeve-de Pauw等（2013）、Kovács等（2014）的研究结果也支持NEP对环保行为有着积极影响。

Stern等结合价值观理论、NEP和NAM模型建立VBN理论，并且提出个人规范是激发环境行为的关键因素（Stern et al.，1999；Stern，2000）。个体意识到其关注的事物受到威胁并坚信自己能够通过采取行动减少这种威胁时，个人规范便产生。VBN理论提出后果认知和责任归属感的产生依赖于个体朴素的人地关系信念，并且与价值观导向有很稳定的关系。NEP与NAM能够联系在一起是由于VBN理论认为NEP是一种通俗的生态理论，并且这个理论有个观点是环境变化会造成负面后果。VBN理论各因素间因果关系见图2-2。

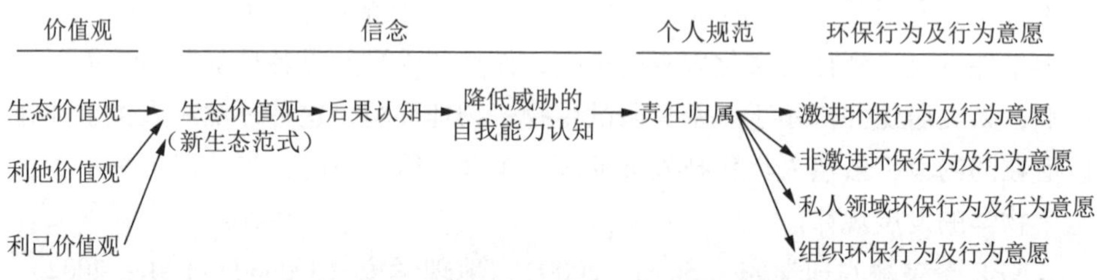

图2-2 价值观—信念—规范理论

2.2 地方依恋理论

地方依恋是指人与环境之间的情感，源于依恋理论（Bowlby，1982；Manzo，2005）。依恋关系研究起源于学者就婴儿对母亲形成依恋的观察，因此它有生物学基础，依恋有助于婴儿成活（Bowlby，1982）。经过几十年的发展，依恋理论已经拓展到人与其他类型环境的社会关系研究（Milligan，1998；Wiles et al.，2009），如邻里关系（Brown，2003；Lewicka，2010）、地方关系（Garrod，2008；Morgan，2010）。环境心理学家把人与地方之间的关系称之为地方依恋（Low，1992；Giuliani et al.，1993）。地方依恋包括人地关系的多方面内容——人对地方的情感、知识、信念和行为等（Chow et al.，2008），是一个心理、社会和文化的过程（Low，1992）。地方依恋包括个人、过程和地方三个方面，并且作为个人对环境产生情感的联系（Low，1992；Hidalgo et al.，2001；Scannell et al.，2010a）。

地方依恋的维度在不同的研究中各有不同，因此统一多种地方依恋的概念对学者来说是一个挑战（Raymond et al.，2010）。一些研究者认为地方依恋是个一维的概念，在同一水平上可以是地方认同或地方依靠（Devine-Wright，2011；Hernández et al.，2013）；一些学者认为地方依恋是一个多层面的建构，包含许多不同的要素：2 因素（地方认同和地方依靠）、3 因素（地方认同、地方发现和地方依靠）、5 因素（地方认同、地方依靠、自然纽带、家庭纽带和朋友纽带）（Vaske et al.，2001；Halpenny，2010；Raymond et al.，2011；Hernández et al.，2013）；其他学者则认为地方依恋是更高一级概念或建构的一个维度（如地方依恋、地方依靠、地方认同分别是地方感的一个维度）（Jorgensen et al.，2001；Hernández et al.，2013）。

定义人与地方情感的概念，学术界有个共识——必须包括社会和自然环境两个维度（Carrus et al.，2013）。人们对地方会产生情感，这为我们研究人类行为提供一些机会，因此研究者提出从社会与环境心理规律中研究地方依恋对环保行为的影响（Devine-Wright et al.，2010a；Devine-Wright et al.，2010b；Gosling et al.，2010；Hernández et al.，2010）。大量研究表明，地方依恋在不同背景下都可以有效解释环保行为（Burley et al.，2007；Walker et al.，2008）。Walker 等（2003）研究认为，地方知识可以提高个体实施环保行为的可能性，而且可以对他们所依赖的地方产生承诺和责任。虽然地方依恋与环保行为之间关系的研究文献不多，无法总结出为什么、怎么样和处于什么情况下地方依恋会对环保行为有贡献，但是有不同的理论和实证研究支持地方依恋对环保行为有影响。一，基于 Ainsworth 与 Bowlby 的母子依恋理论，Carrus 认为个体与地方积极的情感联系，有利于促进个体保护这个地方（Ainsworth et al.，1965；Carrus et al.，2013）；二，地方依恋与环保行为关系的证实，已经通过引入行为成分的地方依恋理论模型实现〔例如 Scannell 和 Giffordy（2010）认为地方依恋的行为维度可以通过自然灾害后的重建活动或者其他特殊居民水平的地方保护行为得到充分体现〕；三，个人对环境的情感联系与环保行为之间存在关系已得到大量实证研究的支持（Stedman，2002；Halpenny，2010；Scannell et al.，2010）。

2.3 认知—情感理论

认知和情感是解释个体决策和行为过程的重要因素（Decrop，1999），同时情感又受认知影响。认知—情感理论专家认为行为并不是个人特征作用的结果，相反行为产生于个体感知到自己所处的特殊情况（particular situation）。认知—情感处理系统理论（cognitive affective processing system）提供一个综合的观点，它包括行为的可变性和产生行为的人格特征的稳定性，认知—情感系统对行为影响机制详见图 2-3（Mischel et al.，1995）。在近十年中，认知—情感理论广泛运用于临床医学、消费等领域研究，然而研究认知、情感系统对行为影响的机制多采用简化模型，因果链为：认知→情感→行为（del Bosque et al.，2008；Martínez Caro et al.，2007；Oliver et al.，1993）。Oliver & Westbrook（1993）认为在消费过程中顾客的情感源于对产品的信任和评价；大量学者研究认为情感受到不确认（disconfirmation；Martínez Caro et al.，2007；del Bosque et al.，2008）、感知质量（perceived quality；De Rojas et al.，2008）、感知价值（perceived values；Han et al.，2011）等认知因素影响；Yuksel 等（2010）研究证明游客对目的地的认知忠诚显著影响情感忠诚。贺爱忠等（2013）对武汉地区 189 家零售企业进行研究，发现企业绿色情感在绿色认知对绿色行为的正向影响中起部分中介作用。万基财等（2014）以九寨沟为案例，研究发现游客对地方特质的认知能够有效激发其地方依恋。

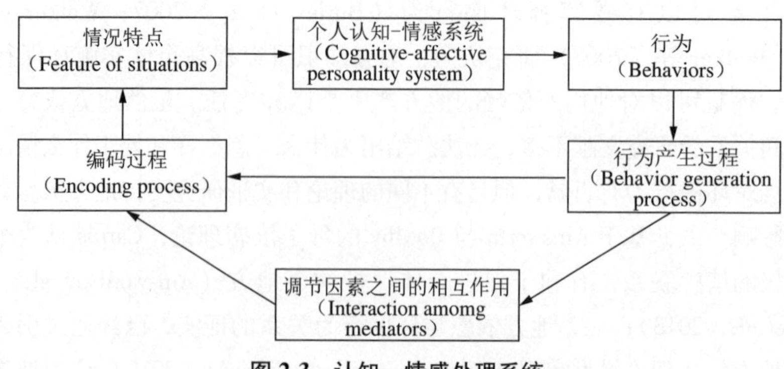

图 2-3　认知—情感处理系统

2.4　社会交换理论

社会交换理论是解释人类行为最有影响力的范式之一（Cropanzano et al., 2005），发展于 20 世纪 60 年代西方功利主义盛行的年代，主要代表人物有 Homans，Thibaut，Kelley 和 Blau（Emerson，1976）。Homans 提出实证主义、个体主义的交换理论，此理论是将一切社会行为视为一种交换行为，认为行为可以运用有关个体心理和动机的基本命题去解释（彭丽娟 等，2011）；Blau 提出结构交换理论，他认为应该从社会的动态过程去揭示人的需要和动机，并且要对社会现象进行微观和宏观两个层面的解释，同时要强调社会结构的整体性效应（Blau，1964；Emerson，1976；彭丽娟 等，2011）。虽然理论家对社会交换理论有不同的看法，但是大家一致认为社会交换通过一系列相互作用产生义务（Emerson，1976）。从社会交换理论来看个体行为改变需要满足以下条件：一，得到的回报要有价值；二，行为改变换来的是可能产生的有价值回报；三，感知回报要超过感知成本（Skidmore，1979）。如果获得一些收益而且没有不可接受的成本代价付出，那么旅游地居民愿意与游客进行交换支持旅游发展（Turner et al., 1991）。同理，如果居民实施保护旅游地环境行为获得的回报是给他们的生活环境、经济收入带来很大益处，那么他们会乐于实施环保行为。在旅游学领域主要用社会交换理论研究社区参与和旅游支持（Nunkoo et al., 2010；Ghimire et al., 2011）。

第3章　研究设计

本章首先简要介绍案例地自然、文化与灾害情况；其次说明研究技术；然后阐明测量设计，对问卷信度、效度进行检验，确定测量模型；最后以理论和实证研究为基础，提出研究假设并构建概念模型。

3.1　研究案例地背景

3.1.1　九寨沟

世界自然遗产九寨沟是以自然景观为主、藏传佛教文化景观为辅的旅游地，位于四川省阿坝藏族羌族自治州境内。地理坐标东经 100°30′~104°27′、北纬 30°35′~34°19′，年均气温 6~14 摄氏度。沟内动植物资源丰富，原生物种约 3553 种，其中珍稀动物有大熊猫、小熊猫、金丝猴、羚羊等，孑遗植物有独叶草、星叶草、箭竹等。九寨沟流域面积 651.34 平方公里，河谷地带有众多成梯形分布的湖泊、瀑布群、钙华滩流穿林跨谷于 12 座雪峰之间，形成了以高山湖泊群、瀑布群以及钙华滩流为主体的世界罕见景观，蓝天、白云、雪山、森林倒映水中，美丽如画，并随季节推移呈现出不同的色彩和风韵。九寨沟里有九个古老的藏族村寨，原始古朴的村寨散落在绿树环抱的群山之中。藏寨木楼、藏服藏饰、石磨房、经幡、喇嘛庙和藏羌歌舞等文化元素既具有地方色彩又具有神秘感，构成了九寨沟独特的旅游文化景观。九寨沟的山水、色彩、民俗景观资源可以概括成雪峰、翠湖、叠瀑、蓝冰、彩林、藏情“六绝”，集原始美、自然美、野趣美为一体，具有极高的游览观赏价值和科普价值。

由于九寨沟地处四川盆地向青藏高原过渡的边缘地带，地质背景复杂、新构造运动强烈、地壳抬升幅度大、多种营力交错复合，是我国自然灾害高发的地区之一。频发的自然灾害对九寨沟景区产生了一系列影响，有利的方面在于九寨沟景区许多美丽的景观都是自然灾害所遗留下来的证据，有说法称九寨沟是“地震的遗迹”，是山地灾害的鬼斧神工在无意中建造的。自然灾害的有利方面往往需要很长时间才能体现出来，而不利的方面则在相对短的时间内有较大影响（本区自然灾害主要类型和成因见表 3-1）。景区内及周边地区频发的自然灾害对公众出游心理产生严重干扰，尤其是游客出于人身安全的考虑，会放弃出游或者改变出游计划，从而对九寨沟旅游业造成负面影响。就九寨沟地区来说，自然灾害对旅游交通的破坏是对旅游业可持续发展致命的破坏。每年夏季暴雨导致的泥石流、山体崩塌、滑坡造成的交通中断都会给九寨沟旅游业带来重大损失。受汶川地震的影响，四川旅游市场受到了极大的影响，地震发生过后无论是国内游还是入境游都有大幅度下降，震中汶川所在的阿坝州，由于基础设施（主要为交通设施，九寨沟沟内接待设施基本未受到破坏）破坏严重，旅游人次更是急剧下降。

表 3-1　九寨沟景区及周边地区自然灾害主要类型和成因

<table>
<tr><th>种类</th><th colspan="2">主要成因</th></tr>
<tr><td rowspan="5">地质灾害</td><td>地震</td><td>特殊的地质地貌构造造成活动断裂发育</td></tr>
<tr><td>滑坡</td><td rowspan="4">褶皱强烈，发育有陡峭倾斜构造面的基岩临空区，景区内谷深坡陡，边坡坡角大，且沟沿有较大面积的历史砍伐区，原生植被遭受破坏；人为因素造成边坡稳定性失衡地带；降水集中且年变化率大；人为因素的影响</td></tr>
<tr><td>崩塌</td></tr>
<tr><td>泥石流</td></tr>
<tr><td>水土流失</td></tr>
<tr><td>气象灾害</td><td>洪涝</td><td>九寨沟景区降水年内分配极不均衡，且年变化率也比较高，85%以上集中在 5 月—9 月的雨季，雨量少但降雨集中，常出现局地性暴雨和冰雹</td></tr>
<tr><td rowspan="2">生物灾害</td><td>病虫害</td><td rowspan="2">自然因素和人为因素综合作用</td></tr>
<tr><td>森林火灾</td></tr>
</table>

注：此参考资料来自互联网①

虽然九寨沟管理部门有着丰富的管理经验和先进的管理水平，但是在过去很长一段时间内，由于政府部门及社区居民过于关注旅游开发所带来的经济效

① 《九寨沟自然灾害对旅游业可持续发展的影响》. http://www.doc88.com/p-770891084495.html

益，对景区环境容量问题关注不够，造成旅游旺季景区周边环境以及基础设施压力过大；历史原因建造的现代建筑与以原始、自然生态为主的景观极不协调，使得景区景观审美价值有所降低；景区持续开发与游客的大量涌入，使景区废弃物处理能力相对不足，出现轻微污染物的积累，并且引起景区内湖泊富营养化、沼泽化、水位下降、钙华脱落、沉积等一系列环境问题（陈盼 等，2011；李刚，2012）。

3.1.2 青城山-都江堰

青城山-都江堰位于中外闻名的水利名都和历史文化名城——都江堰市，以其精妙绝伦的东方古代水利工程、博大精深的中国道教文化、雄伟壮丽的自然风光闻名世界。根据文化遗产遴选标准 C（Ⅱ）（Ⅳ）（Ⅵ），青城山与都江堰于 2011 年被列入《世界遗产名录》。

世界遗产青城山有 36 座山峰，诸峰环绕状如城郭，山上树木茂盛，终年青翠，是道教文化景观与自然景观并重的旅游地。青城山景区地处四川盆地西部边缘山地“华西雨屏带”中北段，地理位置 30°5′N 103°35′E，年平均温度 15.2 摄氏度，地质地貌以“丹岩沟谷、赤壁陡崖”为特征，植物区系有明显从亚热带向温带过渡的特征。

青城山是中国著名的道教名山，中国道教的发源地之一，自东汉道教创始人张陵到青城山结茅传道以来已有二千多年历史。全山的道教宫观以天师洞为核心，包括上清宫、建福宫、祖师殿等十余座道教宫观。这些建筑多数是根据地形、地貌巧妙设计并按中轴线对称展开，充分体现了道家追求自然的思想。由于青城山道教建筑规模宏大，历史久远，因此对于深入研究我国古代道家哲学思想有着重要参考价值（范文静 等，2011）。青城山分为前山和后山两个部分，前山以常观、上清宫为核心，是以道教文化景观为主的景区，宫观相望，古迹甚多；青城后山景区是以水秀、林幽、山雄、石怪为奇观的自然风景区，位于青城山后都江堰市泰安乡境内，西北与卧龙自然保护区为邻，而东北与赵公山相连，东越青城山天仓山、乾元山可到天师洞、建福宫，西南与六顶山、天国山接壤，与青城山一脉相承，直至 20 世纪 80 年代才加以开发。景区内有神秘的溶洞、雄奇的壶华、秀丽的味江、罕见的古墓群、大蜀王遗址和名庵古刹，集山、水、洞、林、廊为一体，景观不亚于前山景区。

都江堰坐落于成都平原西部的岷江上，四川省都江堰市城西，是以治水文化景观为主、自然景观为辅的旅游地。都江堰是中国古代建设并使用至今的大型水利工程，是全世界迄今为止年代最久远、唯一留存、以无坝引水为特征的生态工程，被誉为“世界水利文化的鼻祖”。都江堰工程以“不破坏自然资源，利用自然资源为人类服务”为前提，充分利用当地地理条件，并根据江河出山口处特殊的地形、水势、水脉，无坝引水，使堤防、分水、泄洪、排沙、控流相互依存，保证了防洪、灌溉、水运和社会用水综合效益的发挥，实现了人、地、水三者的高度协调统一（范文静 等，2011）。都江堰水利工程因周围景色秀丽，文物古迹众多，因此也是著名的风景名胜区，主要景点有伏龙观、二王庙、离堆公园、安澜索桥、玉垒关、玉垒山公园、玉女峰、翠月湖、灵岩寺、普照寺、都江堰水利工程等。

由于四川地理、地质环境特殊，省内新构造运动活动显著，因此四川省成为我国地质灾害发生最多、类型最全、规模最大、频率最高、受灾最严重的省份。地质灾害尤其是地震造成的连锁反应大，伴生灾害多。地震造成构造变形和地面破裂，不仅会引发山体崩塌、滑坡、地面塌陷、地裂缝等灾害，后期由于遭受暴雨侵蚀，地面和山体还易发生泥石流等灾害。汶川地震期间，由于强烈地震造成青城山山体出现多次崩塌、滑坡，林木被摧毁，动植物生存环境被破坏，因此震后青城山后山景区被迫关闭，生态恢复十分困难。前山道教建筑群严重受损，数座道观需要重建。汶川地震期间及后期的多次余震并未对都江堰水利系统的鱼嘴、宝瓶口和飞沙堰等重要基础设施造成大的危害，仅景区大门受到轻微损伤，而处于都江堰西门外闽江右岸山坡上的二王庙被震塌。青城山后山景区地势险峻，夏季暴雨季节容易诱发滑坡、塌方、泥石流等地质灾害，一方面危害游客安全、阻断交通、损坏基础设施，另一方面给当地旅游业带来季节性障碍，影响经济发展。

由于青城山生态环境优越、文化氛围浓郁，又被评为世界文化遗产，因此开发商看准青城山绝佳的投资环境，大肆圈地，修建各种房地产项目（赵晓宁，2005）。旅游房地产已从青城山外围保护区逐步蔓延到遗产保护区，甚至直逼遗产核心区。旅游房地产项目给青城山景观价值和生态环境质量带来深远的负面影响。首先，出现在遗产核心区、遗产保护区的房产项目，从视觉上破坏了青城山景观价值的完整性和真实性，威胁到了文化遗产地的可持续发展；其次，由于改变了青城山土地利用的“原状”，几万外地都市人进驻青城山保护区，产生的废水、废气、垃圾和噪声等伴生品使青城山的生态环境质量严重下降（赵晓宁，2005）。此外，由于居民对经济利益的片面追求，再加上对公共资源保护意识不够，时常会将生活垃圾和接待游客的餐饮垃圾倒入河中，久而久之将超出河流生态系统的自净能力，造成严重的环境问题。

3.1.3 广东南岭山区

南岭位于粤、桂、湘、赣四省交界，是中国南部最大山脉和重要自然地理界线。南岭广东部分包括韶关市的始兴县、乳源瑶族自治县、仁化县、乐昌市、南雄市，河源市的龙川县、连平县、和平县和梅州市的平远县、蕉岭县、兴宁市11个县，总面积23515平方公里，占广东全省总面积的13.07%，占所在三个地级市总面积的47.12%，2015年常住人口458.81万人，占所在三个地级市总人口的45.42%。南岭国家级自然保护区总面积达5.84万公顷，是广东省面积最大的自然保护区。区内分布的国家重点保护植物、鸟类和兽类，分别占广东省总数的43.9%、51.4%、88.5%。其中，国家重点保护的珍稀濒危植物40多种，国家一、二级保护动物数十种。南岭是广东北部重要的生态屏障，是珠江上游河流的发源地和水源涵养地，也是广东乃至全国生物多样性极其丰富的区域，生态资源优势明显，生态地位十分突出。南岭走廊自古以来，就是中原进入南岭以南地区的重要通道，诸多民族在此迁徙、流动、融合，创造了独具特色的人文环境和丰富多彩的民族文化。

然而，南岭地区发展面临经济基础较为薄弱、产业发展粗放、城镇化和公共服务水平偏低等困境。公众生态环保意识的淡薄与缺失，追求经济利益的短视与冲动，使得粗放式的资源开发等不合理的经济社会活动仍在持续，给生态环境带来较大压力，开发与保护的对抗性矛盾日益尖锐，广东南岭国家级自然保护区被旅游开发野蛮破坏。从2010年10月开始，东阳光公司与景区公司在南岭国家级自然保护区核心区内炸山修路。核心区的陡峭山体被一圈一圈炸开，炸开的山石不经任何处理，直接用推土机推下山，致使大量森林植被掩埋，核心区石坑崆的山体体无完肤。修路造成植被严重破坏，公路运行将永久性地加剧动植物栖息地的破碎化，进而导致部分濒危动植物的小种群现象甚至局部灭绝，对生态环境产生难以弥补的损害。

3.2 数据收集

3.2.1 数据收集与样本分布

调研分为预调研和实地调研两个阶段：一，预调研，寻找去过九寨沟的游客，采集 30 份有效样本对量表信度、效度进行分析，删除不达指标的测量题项，确定问卷内容；二，实地调研，本书数据由南京大学旅游研究所 5 名博士研究生和 3 名硕士研究生于 2012 年 8 月 4 日~20 日在九寨沟、青城山、都江堰三个旅游地采集；南岭居民调查问卷于 2016 年~2017 年由广州地理研究所 2 名博士研究生和 3 名硕士研究生完成。为了得到较可靠的数据，调查采用面对面问卷采集方式；为了便于数据采集，使用便利抽样法发放问卷。以生计依赖当地旅游资源的社区居民为研究对象，数据采集工作在每天上午和傍晚进行。调研组分为两队，一队挨家挨户地拜访住户，询问是否愿意填一份关于旅游地环境保护的问卷、生活是否依靠当地的旅游业；另一队选择在户外和参与旅游相关职业的人进行交流，询问是否是本地人、是否愿意填一份关于旅游地环境保护的问卷。以游客为研究对象，数据采集工作在每天中午和下午进行。考虑到游客流动性比较大，因此选择休息区发放问卷，一来可以获得大量游客样本，二来游客也有足够的时间填写整份问卷。选定游客样本，需要甄别散客和团客，来自同一旅游团的游客在价值观等方面具有较大相似性，因此每一个旅游团最多发放 5 份问卷。搜集居民与游客样本时，调研组考虑到年龄、性别比例等问题，尽量达到比例平衡。游客填写问卷之前，调研组会告知问卷中文化景观是与旅游地地方文化相关的遗产、建筑和土著居民生活方式等，自然景观是指山、水、森林和动植物生存环境等。具体问卷发放与回收情况见表 3-2。

表 3-2 数据搜集情况总结

案例地	居民			游客		
	发放数	回收数	有效数	发放数	回收数	有效数
九寨沟	350	346	320	700	576	471
青城山（前山）	120	113	90	200	191	180
青城山（后山）	80	76	69	200	178	168
都江堰	200	192	163	400	376	323
南岭	400	350	314	—	—	—

3.2.2 样本人口统计特征

九寨沟与都江堰居民样本女性受访者偏多，青城山受访者男女比例较均衡，南岭男性受访者比例高。主要原因是九寨沟与都江堰居民数据以直接参与旅游业的服务人员和小商贩（以女性为主）为主；青城山居民数据主要来自挨家挨户拜访获得（在居民家中选择男、女主人各一名进行访谈）；南岭山区受访者多为家庭决策者（男性）。九寨沟、青城山与都江堰三个案例地受访者年龄分布均主要在17~45岁，初中、高中（中专）学历居多，由于九寨沟受访者中有一部分为正式在编工作人员，所以大学及以上学历占26.2%，人均月收入主要在1001~4000元之间；南岭受访者年龄主要集中在21~55岁，中、低学历居多，家庭年收入主要集中在10001~35000元之间。九寨沟、青城山与都江堰样本有60%以上的居民为本地人，70%以上的受访者在此居住10年以上，南岭样本70%以上受访者为本地人（表3-3）。

表3-3　居民样本人口统计特征（N=956）

变量		九寨沟	青城山	都江堰	南岭
性别	男	37.0%	51.8%	32.9%	68.2%
	女	63.0%	48.2%	57.9%	31.8%
年龄（岁）	<17	4.4%	4.5%	4.9%	4.3%
	17~25	37.7%	27.4%	31.3%	5.0%
	26~35	29.6%	20.4%	23.9%	10.3%
	36~45	23.3%	28.0%	18.4%	37.3%
	46~55	5.0%	13.4%	13.5%	29.4%
	>55	0.0%	6.3%	8.0%	13.7%
学历	小学及以下	8.7%	7.8%	4.6%	21.4%
	初中	34.3%	34.4%	33.6%	44.8%
	高中及中专	30.9%	42.2%	40.7%	21.4%
	大学及以上	26.2%	15.6%	0.7%	12.3%
居住时间	>5	9.7%	13.8%	17.2%	2.3%
	5~10	5.9%	8.6%	11.6%	6.0%
	>10	84.1%	77.6%	71.2%	91.7%

续　表

变量		九寨沟	青城山	都江堰	南岭
个人收入（元）	<1001	12. 0%	19. 5%	20. 5%	20. 9%
	1001～2500	66. 7%	44. 3%	55. 7%	32. 0%
	2501～4000	12. 0%	20. 8%	26. 5%	26. 1%
	4001～6500	6. 0%	8. 7%	4. 7%	6. 9%
	6501～10000	2. 7%	4. 0%	1. 3%	4. 0%
	>10000	0. 7%	2. 7%	3. 3%	10. 15%
居民身份	当地土生土长	77. 1%	67. 3%	61. 0%	—
	随父母迁移过来	1. 2%	1. 3%	4. 6%	—
	婚姻迁移过来	4. 5%	12. 0%	14. 3%	—
	工作/生意过来	3. 4%	10. 4%	4. 6%	—
	短期务工	1. 3%	3. 3%	15. 6%	—
	来这里学习培训	0. 6%	2. 0%	1. 9%	—
	其他	1. 9%	3. 9%	2. 6%	—

表 3-4 为游客样本人口统计特征。九寨沟、青城山、都江堰游客男女比例较均衡，游客年龄主要集中在 17～45 岁。九寨沟与青城山 50%以上的游客具有大专及本科学历，而都江堰游客有 54. 8%具有研究生学历，由此可以看出我国居民出游力较强的人群为具有大学及以上学历的人群。游客个人收入水平主要在小于 1501 元、1501～3500 元以及 3501～5000 元三个水平。三地游客均是学生比例较高，其次为企事业管理人员，军人、离退休人员、农民和工人所占比例均较小。城镇居民所占比例均超过 80%，四川省内游客居多，其次为四川周边省市如重庆、陕西、湖北游客，同时广东、上海、北京等东部发达地区居民也有较高的出游力。

表 3-4　游客样本人口统计特征（N=1142）

变量		九寨沟	青城山	都江堰
性别	男	52%	49.7%	55.3%
	女	48%	50.3%	44.7%
年龄（岁）	<17	13.6%	10.4%	12.8%
	17~25	21.5%	25.7%	29.8%
	26~35	22%	20.1%	24.3%
	36~45	28.8%	24.3%	21.4%
	46~55	8.4%	10.3%	5.2%
	>55	4.7%	9.2%	4.5%
学历	小学及以下	4.3%	3.2%	0.9%
	初中	13.4%	12.6%	4.1%
	高中及中专	17.3%	19.6%	12.4%
	大专及本科	60.0%	56.4%	27.8%
	研究生	5.9%	8.2%	54.8%
个人收入（元）	<1501	31.2%	35.6%	34.8%
	1501~3500	28.0%	27.0%	24.6%
	3501~5000	21.1%	20.8%	20.8%
	5001~8000	10.1%	11.9%	12.5%
	8001~12500	5.3%	2.7%	2.5%
	>12500	4.3%	2.1%	4.8%
职业	公务员	10.9%	10.5%	7.2%
	企事业管理人员	21.8%	13.7%	14.6%
	专业/文教技术人员	9.4%	13.7%	15.0%
	服务销售商贸人员	6.7%	4.7%	8.4%
	工人	4.3%	1.8%	4.0%
	农民	3.2%	2.6%	0.3%
	军人	1.3%	1.5%	0.3%

续　表

变量		九寨沟	青城山	都江堰
职业	学生	26.3%	29.2%	31.5%
	离退休人员	2.5%	7.6%	3.4%
	其他职业	13.5%	14.6%	5.3%
游客来源	城镇	88.8%	88.4%	80.9%
	乡村	11.2%	11.6%	19.1%
	安徽	2.8%	2.3%	1.2%
	北京	4.0%	2.9%	0.6%
	福建	2.8%	—	0.9%
	甘肃	7.0%	4.0%	0.3%
	广东	3.6%	1.4%	7.7%
	广西	1.1%	0.3%	0.6%
	贵州	2.5%	1.2%	1.2%
	海南	0.8%	0.6%	0.6%
	河北	0.8%	0.3%	1.2%
	河南	2.3%	1.7%	2.8%
	黑龙江	1.1%	1.2%	0.3%
	湖北	6.8%	5.8%	4.0%
	湖南	3.4%	5.2%	2.5%
	江苏	0.4%	5.2%	3.7%
	江西	1.5%	1.2%	0.6%
	辽宁	1.5%	0.9%	0.6%
	内蒙古	1.7%	0.6%	0.3%
	宁夏	0.6%	0.6%	0.9%
	山东	1.1%	0.3%	1.2%
	山西	0.8%	0.3%	0.6%
	陕西	7.6%	6.1%	4.0%

续 表

变量		九寨沟	青城山	都江堰
游客来源	上海	3.0%	1.2%	0.6%
	四川	21.5%	40.6%	50.0%
	台湾	—	—	0.6%
	新疆	0.8%	1.7%	0.3%
	云南	0.8%	3.5%	1.5%
	浙江	1.7%	1.2%	3.1%
	重庆	11.5%	5.2%	7.1%
	天津	1.1%	1.2%	—
	西藏	0.2%	—	—
	吉林	—	0.9%	—

3.3 数据分析方法

3.3.1 探索性因子分析

分别对居民组生计资本变化认知、价值观、环境世界观、灾害后果认知、旅游地环境后果认知、环保道德规范、地方依恋、环保行为（意愿）量表和游客组价值观、环境世界观、灾害后果认知、环保行为（意愿）、景观体验认知、环保情感进行探索性因子分析，确定因子维度，主要步骤如下。

1. 效度检验

KMO 检验的基本原理是对原始变量间简单相关系数和偏相关系数的相对大小进行检定，当变量间具有关联时，其简单相关系数会很高，但变量间的偏相关系数会较小，若两变量间偏相关系数越小，表示变量间越具有共同因素。在因素分析层次中，若各变量的偏相关系数越大表示变量间的共同因素越少，题项变量数据文件越不适合因子分析。KMO 指标介于 0~1 之间，当 KMO 值小于 0.500 时，表示题项变量间不适合进行因子分析；KMO 值大于 0.900，表示题项变量间的关系是极佳的，题项变量间适合进行因子分析，具体判别标准见表 3-5。

表 3-5 KMO 指标值的判断标准（吴铭隆，2009b）

KMO 统计量值	判别说明	因素分析适切性
0. 900 以上	极适合进行因素分析	极佳的
0. 800~0. 900	适合进行因素分析	良好的
0. 700~0. 800	尚可进行因素分析	适中的
0. 600~0. 700	勉强进行因素分析	普通的
0. 500~0. 600	不适合进行因素分析	欠佳的
0. 500 以下	非常不适合进行因素分析	无法接受

2. 信度检验

在因素分析完成后，需继续进行量表各层面与总量表的信度检验，即量表的可靠性或稳定性。在社会学研究领域中，每份量表包含不同层面（构念），因而使用者除提供总量表的信度系数外，也应提供各层面的信度系数。总量表的信度系数需要达到 0. 800，如在 0. 700~0. 800 之间也可接受；分量表信度系数需要达到 0. 700，如果在 0. 600~0. 700 之间也可以接受；如果分量表内部一致性在 0. 600 以下或者总量表内部一致性在 0. 800 以下，可以考虑重新修订量表（表 3-6）。

表 3-6 信度指标判断标准（吴铭隆，2009b）

内部一致性信度系数值	层面（构念）	总量表
α 系数<0. 500	不理想，舍弃不用	非常不理想，舍弃不用
0. 500≤α 系数<0. 600	可以接受增列题项，或修改语句	不理想，重新编制或修改
0. 600≤α 系数<0. 700	尚佳	勉强接受，最好增列题项或修改语句
0. 700≤α 系数<0. 800	佳（信度高）	可以接受
0. 800≤α 系数<0. 900	理想（甚佳，信度很高）	佳（信度高）
α 系数≥0. 900	非常理想（信度非常好）	非常理想（甚佳，信度很高）

3. 构建变量维度及因子命名

在量表信度与效度达到要求的情况下，再观察各因子载荷是否大于 0. 450，指标与总体相关是否大于 0. 300，初步确定各测量模型指标并给各因子命名。

3.3.2 结构方程模型分析

结构方程模型（structural equation modeling，SEM）分析是用来评价提出的包含测量指标和假设结构的概念性模型与观测数据相匹配的程度；结构方程模型分析有助于深入了解和推断变量间无形的、不易察觉的潜在相互影响关系。

1. 结构方程模型分析步骤

SEM分析的基本程序可以分为以下五个阶段（吴铭隆，2009a）：

（1）理论发展。阅读文献寻找欲解决问题的理论支撑，选择适当的研究变量，提出研究假设，梳理变量间的关系，最后构建理想的假设模型。

（2）模型界定。配合结构方程模型技术语言的规范与各项操作要求，将提出的假设与理论模型转换成SEM模式。

（3）模型识别。评价模型适切性的第一步，是结构方程模型与各参数能顺利被识别、收敛、估计。

（4）参数估计。本书采用结构方程模型分析最常用的参数估计法：最大似然法（maximum likelihood），评价每一个参数的正负号、数值大小与理论预期是否相符合，测量误差是否足够小。

（5）模型拟合评鉴。分析假设模型与实际观察数据的拟合情况。假设模型与实际数据是否契合，评价指标及评价标准如表3-7。绝对适配度指标反映模型导出的协方差矩阵与实际观测的协方差矩阵之间的拟合情况；增值适配度指某一个模型的拟合度较另一个替代模型的拟合度，增加或减少了多少拟合度。由于研究的样本数较大，模型的卡方值易达到显著水平，因而需参考其他适配统计量来综合判断模型是否可以被接受。

表3-7 结构方程模型适配度的评价指标及其评价标准

适配指标	准则	适用情形	检验内容
基本适配指标	（1）没有负的误差变异量； （2）所有误差变异达到显著水平； （3）因素负荷量介于0.500~0.950之间； （4）没有很大的标准误； （5）指标 R^2 值均较小，只有个别值>0.500		模型是否违反估计

续　表

适配指标		准则	适用情形	检验内容
整体模型适配度指标	绝对适配度指标	显著性概率值 $p>0.050$	说明模型解释力	模型外在质量
		GFI>0. 900		
		CMIN/DF<5. 000	不受模型复杂度影响	
		RMSEA<0. 080	不受样本数模型复杂度影响	
		NCP 越接近 0 越好	说明假设模型距离中央卡方的程度	
	增值适配度指标	NFI>0. 900	说明模型较虚无模型的改善程度	
		RFI>0. 900		
		IFI>0. 900		
		CFI>0. 900		
		TLI>0. 900	不受模型复杂度影响	
	简约适配度指标	PNFI>0. 500	比较不同自由度的模型	
		PGFI>0. 500;	判断模型的精简程度所需要的最低样本大小估计	
		CN>200		
模型内在结构适配度指标		(1) 所估计的参数均达显著水平; (2) 指标变量个别题项的信度 $R^2>0.500$; (3) 潜在变量的组合信度>0. 600; (4) 潜在变量的平均方差抽取量>0. 500		模型内在质量，即各测量模型的信效度

注：据文献（Hu et al.，1999；吴铭隆，2009a）整理

（6）模型修正。如果初始模型与样本数据无法适配，可进行模型修正，在结构模型中把不显著的因果路径删除或增列、删除某些参数。

2. 结构方程模型函数

结构方程模型构建各潜在变量间的因果关系，说明谁是自变量、谁是因变量。作为因的潜在变量（外因潜在变量），用符号 ξ 表示；作为结果的潜在变量（内因潜在变量），用符号 η 表示；外因潜在变量对内因潜在变量的作用会受到其他因素的影响，此影响因素称为干扰变量，用符号 ζ 表示（刘江涛 等，

2012)。外因变量、内因变量与干扰变量之间的关系借以图 3-1 说明。

$$\eta_2 = \beta_{21}\eta_1 + \gamma_{21}\xi_1 + \xi_2 \tag{3.1}$$

$$\eta_1 = \gamma_{11}\xi_1 + \xi_1 \tag{3.2}$$

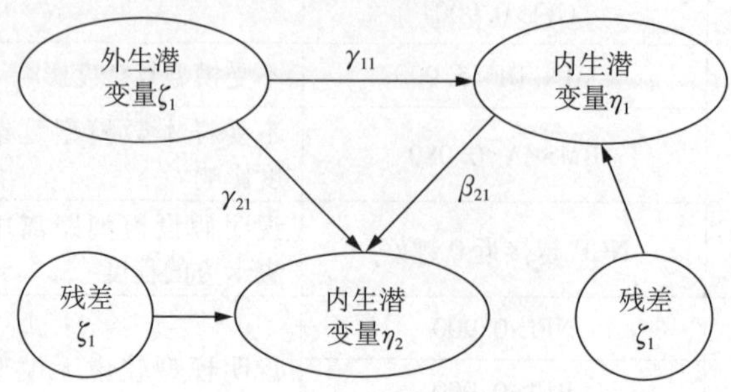

图 3-1　结构方程模型示意图

3. 验证性因子分析

测量模型由潜在变量（latent variables）与观察变量（observed variables）组成。验证性因子分析（conformatory factor analysis，CFA）主要是用平均方差抽取（average variance extracted，AVE）评价测量指标变量与潜在变量的信度，用组合信度（composite reliability，CR）评价其效度，并可估计参数的显著水平、探究量表的因素结构模型是否与实际搜集的数据适配。平均方差抽取值可以直接显示被潜在构念所解释的变异量百分比有多少是来自测量误差。平均方差抽取值量越大，潜在变量构念可以解释的指标变量变异百分比就越大，相对的测量误差就越小，一般判别标准是 AVE>0. 500（胡勇，2014）。潜在变量组和信度为模型内在质量的判别标准之一，若 CR>0. 600，则表示模型内在质量佳。

3. 3. 3　不同群体结构方程模型分析

本书利用不同群体结构方程模型分析方法主要有两个研究目的：一是利用基准模型比较不同群体（青城山-都江堰居民与九寨沟居民；自然景观为主、文化景观为辅旅游地游客，自然景观、文化景观并重旅游地游客与文化景观为主、自然景观为辅旅游地游客；四川省内游客、邻省游客、中西部游客与东部游客）结构方程模型中路径差异；二是通过居民与游客样本的跨样本结构方程模型（multi-group structural equation modeling）共变结构分析，检验假设模型在居民与游客样本间是否相等，即跨样本恒等性检验。

1. 构建基准模型与不同群体结构方程模型比较

为了检验研究所提出的概念模型是否适用于不同的群组，首先要确定模型的形式在各组是否相同，包括：因子个数，题项与因子的从属关系。模型形式相同是指不同样本组数据用同一个模型拟合时，总的拟合指数良好，也就是说每个组都可以用同一模型去描述，该模型被称为基准模型（武淑琴 等，2011）。不同群体的结构方程模型具有形式相同后，再进一步比较各结构方程模型之间的差异才更有意义。本书运用 AMOS17.0 软件进行结构方程模型分析检验基准模型是否成立。与普通结构方程模型的不同之处在于，在 AMOS 工作界面设置群组 1~群组 N 共 N 个群组，不同的组别调入不同的分组数据，且对模型不加任何限制。虽然数据分为 N 个组，而且有 N 个结构方程模型，但是模型总拟合指数只有一组。基准模型是否成立要看模型总拟合指数，具体标准与表 3-7 相同。当基准模型成立后可以根据 AMOS 输出结果，比较不同群体结构方程模型相应路径之间的差异。

2. 测量恒等性检验

多群组同时分析（simultaneous analysis of several groups）的主要目的是探究适配于某一群体的路径模型图是否适配于另一群体。在多群组参数限定中，如果多个群体在路径模型图的所有相对应的参数均设定为相等，称其为全部恒等性检验或全部不变性检验，此种检验是一种最为严格的检验，如果此检验成立则说明不同群体间具有完全相同的结构方程模型；如果多个群体在路径模型图的部分相对应参数设定为相等，称其为部分恒等性检验或部分不变性检验；如果多个群体的路径模型图的参数均没有加以限制，则此多群组分析为最宽松模式（付道领，2012）。Byrne（2009）认为多群组不变性检验应该关注以下五个方面：

（1）测量工具的题项在不同总体（如年龄、性别、地点）之间是否具有等同性？此为测量模型组间不变性（group-invariant）的检验。

（2）使用多种测量工具时，单一测量工具在不同总体的因素结构（factorial structure）或理论结构是否具有恒等性？此方面涉及的是结构模型恒等性的估计。

（3）某些特定的路径在不同总体间是否具有独特的因果结构不变性（structure invariant）？此方面涉及的是模型中特定参数的估计而不是整个模型不变性的评估。

（4）模型中特殊构念的潜在变量的平均数在不同总体间是否相同？此方面

涉及的是潜在平均数结构不变性的检验（testing for invariant latent mean structure）。

（5）测量工具的因素结构在相同总体的不同样本中是否可以复制？此问题是模型交互效应（cross-validation）或复合效度的议题。

在多群组不变性检验中，其一般程序为：一，依次从最宽松的模型向最严格的模型检验；二，逐个检验不同群体理论模型的适配度，如果各个群体在理论模型的适配度较好，则可以进行多群组的检验；三，多群组检验中，各参数均未加以限制的适配度的检验，此检验为基准模型检验；四，比较参数限制的群组模型与设定参数限制的模型（叶小华 等，2013）。

AMOS 在多群组分析的对话窗口中，有关模型不变性的设定，包括八种不变形态模型。八种参数不变性的设定会根据使用者在 AMOS Graphics 中绘制的理论模型而呈现不同的勾选情况，表 3-8 所示为两个群组理论模型图，提供五个内定参数限制模型：模型 1 设定测量系数相等（measurement weights）；模型 2 增列结构系数相等（structural weights）；模型 3 增列结构协方差相等（structural covariances）；模型 4 增列结构残差相等（structural residuals）；模型 5 增列测量残差相等（measurement residuals）。在参数限制中以模型 5 增列测量残差相等（measurement residuals）最为严格，若此模型可以被接受，表示研究者所构建的概念模型在居民与游客样本间具有不变性或恒等性。多群组结构方程可以运行后要对输出结果进行两方面分析：模型适配度检验与嵌套模型比较。

表 3-8　多群组结构方程模型内定参数限制模型界定

参数设定	1	2	3	4	5
Measurement weights 测量系数	√	√	√	√	√
Measurement intercepts 测量截距项		√	√	√	√
Structural weights 结构系数/回归系数		√	√	√	√
Structural intercepts 结构截距			√	√	√
Structural means 平均数结构			√	√	√
Structural covariances 结构协方差			√	√	√
Structural residuals 结构残差				√	√
Measurement residuals 测量残差					√

注：黑体字为运行模型，据文献（吴铭隆，2009a）整理

3. 模型适配度检验

AMOS 输出模型适配度报表可以呈现多个模型的适配度统计量，但不会每一个群组分别呈现一组适配度统计量。数据与模型的适配情况可以观察模型适配度，具体标注与表 3-7 相同。

4. 嵌套模型比较

越多的参数被设定为恒等，反映测量恒等性越强。达到显著的卡方差异检验，代表所检验的恒等性是存在的。但随着恒等限制的增加，释放的自由参数越多，卡方值也因此逐渐增加，所以加入恒等限制会对模型估计产生负面影响（林雅军，2011）。由于加入恒等限制的各模型都属于嵌套模型（nested models），因此可利用卡方差异性检验来考量模型间的拟合度差异量。在检验限制模型与未限制的差异时，通常使用两个模型的卡方值的差异量（Δx^2）来判别，但卡方差异值与卡方值一样易受样本量变化的影响。在样本数量较大的情况下，卡方值的差异量很容易达到显著水平，因此使两个本来没有差异的模型变得有差异存在。在进行嵌套模型的差异比较时，针对比较模型的组间测量恒等性，Cheung & Rensvold（2002）提出三种指标可供参考：CFI、NCI（non-centrality）、CH（gamma hat）。这三种指标值比较不易受到样本数量的影响，但是 AMOS 软件不会提供。AMOS 进行嵌套模型的差异比较时，提供两个模型卡方值的差异量，Δx^2 值卡方值显著性概率值的 p 值及 NFI 值、IFI 值、RFI 值和 TLI 值的增加量。若两个模型卡方值差异性的显著性 p 值小于 0.050，则认为两个模型有差异，反之则接受；NFI 值、IFI 值、RFI 值和 TLI 值的增加量小于 0.050，则认为两个模型无差异（Little，1997）。检验限制模型与未界定参数限制模型的差异时，判别准则如表 3-9 所示：

表 3-9　两个模型无差异的判别标准

指标	Δx^2	ΔNFI	ΔIFI	ΔTLI
标准	$p>0.050$	<0.050	<0.050	<0.050

注：据文献（吴铭隆，2009a）整理

3.3.4　两个独立样本非参数检验

检验两个独立样本是否来自同一总体，或者两个样本的数据分布是否相同，通常可以采用独立样本 T 检验。但是他要求变量必须服从正态分布，而且是等比或等距变量。如果数据无法满足正态分布条件，或者测量尺度仅达到顺序变量水平，或者在进行方差分析时方差齐性检验不显著，可以采用两个独立样本非参数检验的 Mann-Whitney U 或多个独立样本的 K-W 检验结果判别变量各因素的总体均值是否存在差异。因为上述研究方法不直接采用原始数据进行分析，而是先把数据按由低到高的顺序转换为等级再进行，因此也成为秩和检验。因为本书中的样本个数都大于 30，所以用 Z 统计量的相伴概率值作为判断标准。如果相伴概率值大于 0.050，接受假设 H0，认为两个样本来自的总体均值不存在显著差异；如果相伴概率小于等于 0.050，拒绝假设 H0，认为两个样本来自的总体均值存在显著差异（闫晓霞，2006）。多个独立样本的 K-W（Kruskal-Waillis）检验中，如果 K-W 统计量对应的相伴概率值大于 0.050，接受假设 H0，认为多个样本来自的总体分布不存在显著差异；如果相伴概率值小于等于 0.050，拒绝假设 H0，认为多个样本来自的总体分布存在显著差异（丁国盛 等，2006）。

3.3.5 析因设计方差分析

1. 析因设计的意义

析因实验设计将两个或多个因素的各个水平进行排列组合，并分组进行试验。主要用于分析各因素间的交互作用，同时比较各因素不同水平的平均效应和因素间不同水平组合下的平均效应，目的在于寻找最佳组合（韩少梅，2004）。交互效应是指当某个因素的各单独效应随另一因素水平的变化而变化时，则称这两个因素间存在交互效应（韩少梅，2004）。在评价人口统计变量对个体环保行为影响时，除知道受访者居住地、性别、学历、收入等作用外（主效应），还需要知道居住地（地理位置 B）与各人口统计变量（A）协调作用。析因设计相应的方差分析是分析人口统计变量的单独效应、主效应和交互效应。

（1）单独效应：在每个 B 水平，A 的效应（或在每个 A 水平，B 的效应）。

（2）主效应：某个因素各个水平的平均差别。

（3）交互效应：某个因素各个水平的单独效应随另一因素水平变化而变化，则称两因素间存在交互效应。

2. 析因设计与方差分析

（1）实验设计

设有 K 个因素，每个因素有 L_1，L_2，L_3，…，L_k 个水平，那么共有 $G=L_1\times L_2\times\cdots\times L_k$ 个处理组。例如有三个因素，分别是 A，B，C。其中，A 因素有 2 个

水平，B 因素有 3 个水平，C 因素有 2 个水平，则共有 $G=2\times3\times2=12$ 个处理组。将试验对象分配到各组的方法可以采用完全随机设计、随机区组设计和拉丁方设计。

（2）析因设计资料的方差分析

第一步：与一般的方差分析一样，将总变异分离成组间变异和组内变异。如果是随机区组设计还需要从组内变异分析出单位组间变异和误差变异（表 3-10）。

表 3-10　析因设计方差分析（变异）

方差来源	DF	SS	MS
总变异（T） 组间变异（B）	$N-1$ $G-1$	$\sum X^2 - C$ $1/r\sum T_k^2 - C$	$SS_B/(G-1)$
组内变异（E）	$N-G$	$SS_r - SS_B$	$SS_E/(N-G)$

注：T_k（$k=1, 2, \cdots, G$）为各个处理组观察值小计，r 为各处理组例数，$G=(\sum X)^2/N$

第二步：将组间变异分解出主效应项和交互效应项，以两因素分析设计为例（表 3-11），i 和 j 分别是因素 A 和因素 B 的水平数，A_i 和 B_j 分别是各水平观察值的小计。

表 3-11　析因设计方差分析（效应）

方差来源		DF	SS	MS	F
主效应	A	$i-1$	$1/r_j \cdot \sum A_i^2 - C$	$SS_{(A)}/df_a$	$MS_{(A)}/MS_{(E)}$
	B	$j-1$	$1/r_i \cdot \sum B_j^2 - C$	$SS_{(B)}/df_b$	$MS_{(B)}/MS_{(E)}$
交互效应	AB	$(i-1)(j-1)$	$SS_B - SS_{(A)} - SS_{(B)}$	$SS_{(AB)}/df_{ab}$	$MS_{(AB)}/MS_{(E)}$

（3）从 SPSS 统计软件输出结果中分析主效应、交互效应是否显著，当 $p<0.050$ 视为显著。

（4）如果方差分析结果交互效应显著，则要进一步进行多重比较，进行试验单元间的两两比较，以发现具体差异在何处，当 $p<0.050$ 视为显著。

SPSS 没有提供用于交互效应显著时需要进行分析的菜单，所以必须通过编写程序语句来实现。首先编写语句，利用“检索最近使用的对话框”快捷键按钮打开 Univariate 对话框，单击 Paste 按钮，SPSS 会把全部操作转换为语句并粘贴到新打开的程序语句窗口。然后指定分析要求，保留前三行后两行语句，改写 EMMEANS 引导的语句。最后选中编写好的语句，单击 Run 按钮选择 Selection 运行程序。

3.4 测量设计

3.4.1 价值观量表

价值观是习得的信念，是个人生活或社会实体行事的指导原则（Schwartz，1992）。价值观与态度的区别在于前者是抽象的信念不依附于任何具体事物，而后者则关注于特殊事物和情况（Rokeach，1973）。价值观是个人相对稳定的动机特征，成年人价值观很少会发生改变。价值观对于理解各种社会心理现象很重要，同时价值观也是影响行为的重要因素（Bardi et al.，2003）。Schwartz 建立包含十个维度的价值观理论（权利、成就、享乐、鼓舞、自我引导、普遍、仁爱、传统、服从、安全），经进一步简化又可以分成乐于改变（openness to change）、保守（conservation）、自我提升（self-enhancement）和自我超越（self-transcendence）四个方面（Schwartz，1992）。Schwartz 价值观理论在行为研究领域得到广泛的应用。Stern，Dietz 和 Guagnano（1998）在 Schwartz（1992）价值观量表基础上，选取若干指标并增加两个生物圈价值观指标，开发出具有 13 个测量指标的价值观量表。此量表包括三个维度：利他价值观、利己价值观和生物圈价值观。由于中国人习惯将防止和治理环境污染放在一起，因此本书将两个测量指标合并成一个"防治环境污染"，共计 12 个指标测量被访者价值观（表 3-12）。测量评分"1"表示非常不同意、"3"表示不清楚、"5"表示非常同意。

表 3-12 价值观测量指标

指标	
V1：人与自然是和谐统一的	V7：乐于助人很重要
V2：应该尊重自然万物	V8：人类有责任保护环境防治污染
V3：自然界是美丽的	V9：财富在生活中很重要
V4：世界和平很重要	V10：个人权威在生活中很重要
V5：人人平等很重要	V11：个人影响力在生活中很重要
V6：社会正义很重要	V12：社会权力在生活中很重要

1. 价值观量表探索性因子分析

探索性因子分析结果显示居民组 Bartlett 球形检验统计量为 2394.741，对应的相伴概率值等于 0.000，KMO 统计量为 0.822；游客组对应的值分别为 5989.574、0.000、0.866，两组数据均适合做因子分析（吴铭隆，2009a）。12 个指标提取值在两组样本中均大于 0.300，因子载荷介于 0.517~0.870 间。两组样本均提取两个公因子，且指标维度相同，累计解释方差贡献率分别为 51.069%和 58.454%。各维度所含因素指标及命名见表 3-13。维度一主要体现居民社会利他价值观和生物圈利他价值观，命名为“利他价值观”；维度二主要体现的是个人自私自利的价值观，命名为“利己价值观”。经效度检验，居民价值观量表 Cronbach's Alpha 效度为 0.771，校正的项总计相关性值大于 0.300，项已删除的 Cronbach's Alpha 值均小于 0.771，因此暂时无须删除任何指标。游客价值观量表 Cronbach's Alpha 效度为 0.797，校正的项总计相关性值大于 0.300，项已删除的 Cronbach's Alpha 值均小于 0.797，因此无须删除任何指标。本书数据仅获得两个维度，不同于 Stern 价值观量表的利他价值观、利己价值观和生物圈利他价值观的三个维度（Stern et al.，1994；Stern，2000），却与 Schwartz 的自我超越价值观和自我提升价值观（1992）、Van Riper 的生物圈利他价值观和利己价值观（2014）的两个维度分类相一致。

2. 价值观测量模型验证性因子分析

探索性因子分析得出旅游地居民与游客价值观测量模型的潜在变量均为“利他价值观”和“利己价值观”。图 3-2（a）居民价值观模型验证性因子分析结果显示：所有测量指标标准化因子载荷介于 0.448~0.793 之间，所有估计的参数均达到 0.010 显著水平（$t>2.580$）；R^2值均较小，只有个别项目信度大于 0.500；虽然测量模型“利他价值观”AVE 值为 0.380，小于 0.500 的标准，但是 CR 值大于 0.600，所以模型内在质量尚可接受，测量模型“利己价值观”AVE 值与 CR 值均达到标准，说明模型内在质量较好。图 3-2（b）结果显示：除 A8 标准化因子载荷较小，其余均达到大于 0.500 的标准，所有估计的参数均达到 0.010 显著水平（$t>2.580$），为了最大限度保留 Stern 价值观量表完整性暂时保留指标 V8；R^2值均较小只有个别项目信度大于 0.500；测量模型“利他价值观”与“利己价值观”CR 值均大于 0.600，说明模型内在质量良好，AVE 值达到或接近 0.500 的标准。

表 3-13　价值观量表探索性因子分析（$N_{居民}=642$，$N_{游客}=1142$）

指标	居民					游客				
	提取	因子载荷		项总计相关性	项已删除的Alpha 值	提取	因子载荷		项总计相关性	项已删除的Alpha 值
		因子 1	因子 2				因子 1	因子 2		
V1	0. 372	0. 517	—	0. 314	0. 765	0. 429	0. 655	—	0. 396	0. 787
V2	0. 547	0. 739	—	0. 444	0. 755	0. 650	0. 806	—	0. 508	0. 779
V3	0. 516	0. 713	—	0. 463	0. 753	0. 615	0. 784	—	0. 513	0. 780
V4	0. 526	0. 538	—	0. 359	0. 760	0. 601	0. 772	—	0. 521	0. 777
V5	0. 499	0. 724	—	0. 434	0. 755	0. 625	0. 790	—	0. 515	0. 776
V6	0. 465	0. 703	—	0. 438	0. 754	0. 647	0. 801	—	0. 548	0. 778
V7	0. 518	0. 682	—	0. 378	0. 759	0. 578	0. 756	—	0. 513	0. 788
V8	0. 441	0. 712	—	0. 472	0. 751	0. 245	0. 701	—	0. 322	0. 792
V9	0. 729	—	0. 646	0. 419	0. 756	0. 490	—	0. 691	0. 408	0. 790
V10	0. 623	—	0. 854	0. 442	0. 755	0. 757	—	0. 870	0. 417	0. 780
V11	0. 689	—	0. 781	0. 489	0. 745	0. 683	—	0. 823	0. 472	0. 780
V12	0. 305	—	0. 830	0. 455	0. 752	0. 693	—	0. 832	0. 434	0. 788
	累积解释的总方差（旋转平方和载入）				51. 069%	累积解释的总方差（旋转平方和载入）				58. 454%
	Kaiser-Meyer-Olkin 检验				0. 822	Kaiser-Meyer-Olki 检验				0. 866
	Bartlett 球形度检验			近似卡方	2394. 741	Bartlett 球形度检验			近似卡方	5989. 574
				df	66				df	66
				sig.	0. 000				sig.	0. 000
	Cronbach's Alpha				0. 771	Cronbach's Alpha				0. 797

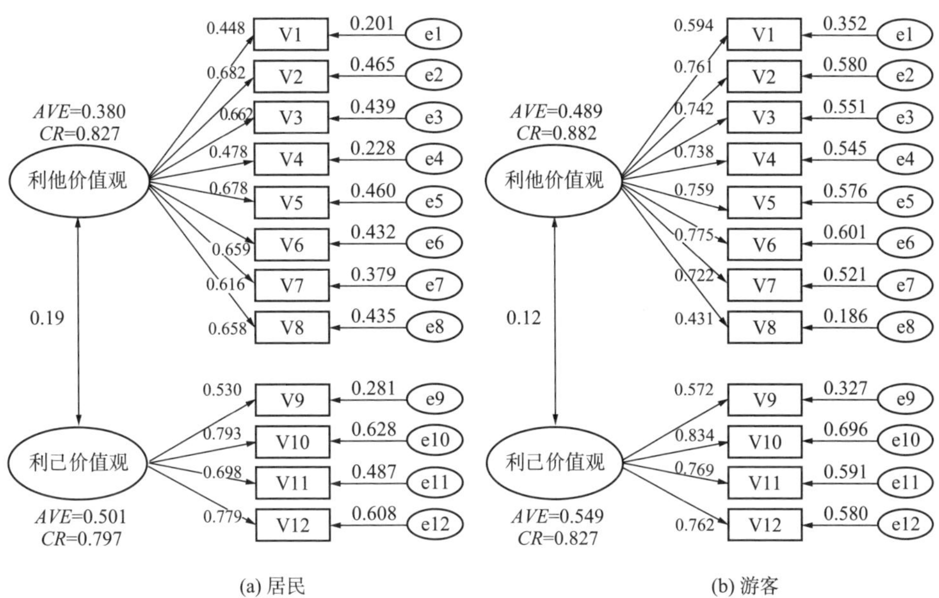

图 3-2　价值观测量模型验证性因子分析（$N_{居民}=642$，$N_{游客}=1142$）

从测量模型适配度计算结果看（表 3-14），虽然两组价值观测量模型达到显著性水平，卡方与自由度比值稍偏大，但是两组模型 RMR、GFI、IFI、CFI、PGFI、PNFI、PCFI 值均达到显著性水平，而且其他值均接近标准，因此可以说居民与游客两组数据分别与模型均拟合较好。

表 3-14　价值观测量模型适配度（$N_{居民}=642$，$N_{游客}=1142$）

指标	标准		居民	游客
绝对适配度	x^2	p>0.050	0.000	0.000
	CMIN/DF	<3.000	5.351	9.768
	RMR	<0.080	0.034	0.025
	GFI	>0.900	0.93	0.923
	RMSEA	<0.050	0.082	0.088
增值适配度	NFI	>0.090	0.882	0.914
	RFI	>0.090	0.854	0.893
	IFI	>0.090	0.902	0.922
	TLI	>0.090	0.878	0.903
	CFI	>0.090	0.902	0.922

续 表

指标	标准		居民	游客
简约适配度	PGFI	>0. 050	0. 724	0. 713
	PNFI	>0. 050	0. 709	0. 725
	PCFI	>0. 050	0. 724	0. 775

3. 4. 2 环境世界观量表

Dunlap 和 Heffernan（1975）是有史以来最早研究户外游憩者环境世界观（环境态度）的学者，他们将休闲活动分为消费（如打猎、垂钓）、欣赏（如登山、露营与自然合影等）和滥用（如雪橇摩托、山地车运动）三类，认为休闲活动与环境世界观、环境行为有联系。Teisl 等（2003）研究发现，与消费行为相比，环境关注与欣赏行为关系更强。在过去的几十年中，许多学者重新验证 Dunlap 和 Heffernan 提出的假设并得到不同的结果（Thapa et al.，2003）。在许多研究中，NEP 被用来测量环境世界观、环境态度、环境意识和人地关系认知等，本书借用 NEP 测量环境世界观。虽然有许多可行的方法测量环境世界观，但是只有三个量表得到广泛应用：生态量表（ecology scale；Maloney et al.，1973）、环境关注量表（environmental concern scale；Weigel et al.，1978）和新环境（生态）范式（NEP scale；Dunlap et al.，1978；Dunlap et al.，2000）。这三个量表测量环境关注的多种现象与表达，比如环境世界观、环境价值观、环境信念等；这些量表也检验人们对各种环保主题的关注，如污染和自然保护等。生态量表和环境关注量表指标涉及特殊的环保问题和已经出现的新环境问题；而新环境（生态）范式指标测量的是人与环境关系的信念，因此得到更广泛的应用。

Dunlap 和 Van Liere（1978）发表的 NEP 量表根据当时研究中出现的环境问题和专家咨询设计了 12 个测量指标，包括三方面：一，人类扰乱自然平衡的能力；二，增长的极限；三，人类有权统治自然（表 3-15 为详细指标）。20 世纪末随着全球生态问题的突显，以及新环境范式量表设计具有不平衡性的缺陷，Dunlap 等（2000）对新环境范式进行修正，增加生态环境问题和反向问题指标，共有五方面内容：一，增长的极限；二，非人类中心主义；三，自然平衡的脆弱性；四，拒绝人类豁免主义；五，生态危机的可能性（详细指标见表 3-15）。

表 3-15　NEP 量表

新环境范式（1978）	新生态范式（2000）
1. 我们正逼近地球所能容纳人口的极限	1. 我们正逼近地球所能容纳人口的极限
2. 自然界的平衡很脆弱易被打乱	2. 人类有权改变自然环境来满足自己的需求
3. 人类有权改变自然环境来满足自己的需求	3. 如果人类干扰自然，会产生灾难性后果
4. 人类生来就是统治自然界的	4. 人类智慧不能确保地球可以适合居住
5. 如果人类干扰自然，会产生灾难性后果	5. 人类严重滥用自然
6. 动植物的存在主要是被人类使用	6. 如果我们学会如何开发，地球上将有用之不尽的自然
7. 我们必须通过控制工业增长的方式发展一个稳态的经济，从而维持一个健康的经济状态	7. 动植物有和人类相同的生存权
8. 为了生存人类必须与自然和谐相处	8. 自然平衡有足够的能力解决现代工业国家产生的影响
9. 地球像个宇宙飞船，空间和资源有限	9. 即使我们有特殊的能力，人类仍然要遵守自然法则
10. 人类没必要去适应自然，因为人类可以改造自然来满足自己的需要	10. 所谓“人类所面临的生态危机”是夸大说法
11. 工业化社会已经达到增长极限，不能再扩大了	11. 地球像个宇宙飞船，空间和资源有限
12. 人类严重滥用自然	12. 人类生来就是统治自然界的
	13. 自然界的平衡很脆弱易被打乱
	14. 人类最终将会了解到足够的自然运行机制的知识来控制自然
	15. 如果所有事情像现在这样继续下去，我们很快会遭受巨大的生态灾难

本书采用修正过的 NEP 量表测量被访者的环境世界观。中国学者洪大用（2006）曾用 NEP 量表分析中国城市居民环境意识，发现 NEP 量表信度和效度不太理想，在去除个别指标后量表信度和效度大大提高。考虑到问卷篇幅的

限制，本书选取 10 个指标进行测量：EW1，如果继续不顾环境搞发展，很快会遭受严重的环境灾难；EW2，破坏自然导致人类生存与发展面临危机是夸大的说法；EW3，即使人有特殊能力，仍然受到大自然控制；EW4，人类对自然的破坏往往造成灾难性后果；EW5，人类正在滥用资源和破坏自然环境；EW6，自然有能力缓解工业产生的环境影响；EW7，自然界的平衡是很脆弱的，容易被打乱；EW8，地球上人太多，地球快承受不了了；EW9，地球上的资源和空间是有限的；EW10，动植物与人类有相同的生存权。测量评分“1”表示非常不同意、“3”表示不清楚、“5”表示非常同意。

1. 环境世界观量表探索性因子分析

探索性因子分析结果显示居民组 Bartlett 球形检验统计量为 1231.960，对应的相伴概率值都等于 0.000，KMO 统计量为 0.793；游客组对应的值分别为 2408.268、0.000、0.815，两组数据均适合做因子分析（吴铭隆，2009b）。两组数据指标提取值均大于 0.300，因子载荷均大于 0.500。两组样本均提取三个公因子，而且指标维度相同，累计解释方差贡献率分别为 55.802% 和 58.022%。维度一命名为“人地关系认知”；维度二命名为“非人类中心主义”；维度三命名为“自然能力认知”（表 3-16）。经效度检验，居民价值观量表 Cronbach's Alpha 效度为 0.771，游客价值观量表 Cronbach's Alpha 效度为 0.797，然而两份量表 EW2 与 EW6 校正的项总计相关性值均小于 0.300，因此删除指标 EW2 与 EW6。

2. 环境世界观测量模型验证性因子分析

探索性因子分析得出旅游地居民与游客环境世界观测量模型的潜在变量均为“人地关系认知”和“非人类中心主义”。图 3-3（a）居民环境世界观模型验证性因子分析结果显示：所有测量指标标准化因子载荷介于 0.450～0.767 之间，所有估计的参数均达到 0.010 显著水平（$t>2.58$）；虽然测量模型“人地关系认知”与“非人类中心主义”*AVE* 值小于 0.500 的标准，但是 *CR* 值大于 0.600，所以模型内在质量尚可接受。图 3-3（b）结果显示：所有测量指标因子载荷均达到大于 0.500 的标准，所有估计的参数均达到 0.010 显著水平（$t>2.580$）；R^2 值均较小，只有个别项目信度大于 0.500；虽然测量模型“人地关系认知”与“非人类中心主义”*AVE* 值小于 0.500 的标准，但 *CR* 值均大于 0.600 说明模型内在质量尚可接受。

表 3-16　环境世界观量表探索性因子分析（$N_{居民}=642$，$N_{游客}=1142$）

指标	居民						游客					
	提取	因子载荷			项总计相关性	项已删除的 Alpha 值	提取	因子载荷			项总计相关性	项已删除的 Alpha 值
		因子 1	因子 2	因子 3				因子 1	因子 2	因子 3		
EW1	0.532	0.726	—	—	0.334	0.692	0.482	0.653	—	—	0.334	0.670
EW2	0.660	—	—	0.809	0.070	0.743	0.679	—	—	0.821	0.070	0.748
EW3	0.403	0.600	—	—	0.413	0.689	0.500	0.684	—	—	0.413	0.657
EW4	0.534	0.683	—	—	0.490	0.680	0.662	0.789	—	—	0.490	0.649
EW5	0.538	0.665	—	—	0.498	0.664	0.623	0.746	—	—	0.498	0.644
EW6	0.507	—	—	0.695	0.219	0.707	0.627	—	—	0.776	0.219	0.697
EW7	0.541	—	0.658	—	0.474	0.661	0.532	—	0.689	—	0.474	0.645
EW8	0.529	—	0.595	—	0.441	0.661	0.585	—	0.747	—	0.441	0.649
EW9	0.692	—	0.807	—	0.462	0.666	0.598	—	0.729	—	0.462	0.652
EW10	0.645	—	0.783	—	0.441	0.679	0.513	—	0.640	—	0.441	0.655
	累积解释的总方差（旋转平方和载入）					55.802%	累积解释的总方差（旋转平方和载入）					58.022%
	Kaiser-Meyer-Olkin 检验					0.793	Kaiser-Meyer-Olki 检验					0.815
	Bartlett 球形度检验			近似卡方		1231.960				近似卡方		2408.268
				df		45				df		45
				sig.		0.000				sig.		0.000
	Cronbach's Alpha					0.707	Cronbach's Alpha					0.690

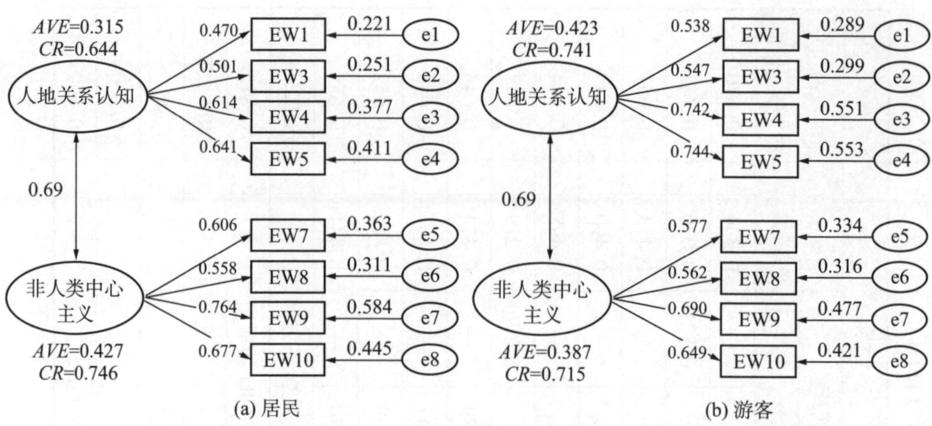

图 3-3　环境世界观测量模型验证性因子分析（$N_{居民}=642$，$N_{游客}=1142$）

从测量模型适配度计算结果看（表 3-17），虽然两组环境世界观测量模型达到显著性水平，卡方与自由度比值稍偏大，但是两组模型 RMR、GFI、NFI、IFI、CFI、PGFI、PNFI、PCFI 值均达到显著性水平，而且其他值均接近标准，因此可以说居民与游客两组数据均与模型拟合较好。

表 3-17　环境世界观测量模型适配度（$N_{居民}=642$，$N_{游客}=1142$）

指标	标准		居民	游客
绝对适配度	x^2	p>0. 050	0. 000	0. 000
	CMIN/DF	<3. 000	5. 417	5. 854
	RMR	<0. 080	0. 044	0. 029
	GFI	>0. 900	0. 959	0. 975
	RMSEA	<0. 050	0. 083	0. 065
增值适配度	NFI	>0. 090	0. 908	0. 95
	RFI	>0. 090	0. 865	0. 926
	IFI	>0. 090	0. 924	0. 958
	TLI	>0. 090	0. 887	0. 938
	CFI	>0. 090	0. 923	0. 958
简约适配度	PGFI	>0. 050	0. 506	0. 515
	PNFI	>0. 050	0. 616	0. 644
	PCFI	>0. 050	0. 627	0. 65

3.4.3　保护旅游地环境行为量表

许多学者采用不同的词语描述保护环境的行为，如环境关注行为（environmentally concerned behavior；Sivek et al.，1990）、亲环境行为（pro-environmental behavior；Kollmuss et al.，2002）、显著环境意义的行为（environmental significance of behavior；Stern，2000；Steg et al.，2009）、负责任的环境行为（environmental responsible behavior；Lee et al.，2012）等。Smith-Sebasto 和 D'Costa（1995）根据行为控制理论设计量表，测量在校生的环境行为，量表由教育行动、文明行为、经济行为、身体行动、法律行动和劝说行动六个维度组成。Kaiser 等（1999）设计比例量表（rasch scale）测量生态行为，Kaiser 和 Wilson（2004）认为生态行为是亲社会行为，包括清除生态垃圾、节约水电资源、消费行为的生态关注、控制垃圾、自愿参与自然保护活动和使用生态汽车等行为。Stern 团队（2000）设计包含消费行为、环境公民和牺牲意愿三个维度的 17 个测量指标测量环境行为。Lee（2012）根据游客环境负责任的行为设计量表，认为游客负责任的环境行为包括文明行为、经济行为、身体行动、劝说行为、可持续的行为、亲环境行为和环境友好行为七个维度。本书根据上述环境行为测量指标，并结合案例地实际情况分别设计居民与游客环境行为量表。九寨沟、青城山-都江堰居民组问卷保护旅游地环境行为及行为意愿分为三个维度测量：一，日常环保行为（生活中我已做到不乱扔垃圾、生活中我已做到爱护动植物、生活中我已经做到省电节水）；二，景区生态环境关注（我曾关注过政府对景区的环境政策和措施、我曾对景区生态环境保护或建设贡献过力量、我曾关注过旅游对景区环境质量的影响）；三，积极环保行为意愿（我愿意选择对环境负责的店铺消费、我愿意捐款帮助景区防治自然灾害、我愿意捐款帮助景区保护环境）。南岭居民问卷保护旅游地环境行为主要分为激进行为和保守行为两个维度。游客组问卷主要有两个维度测量：一，激进环保行为及行为意愿（遇到破坏环境的行为我会劝说、我愿意捐款帮助景区保护环境、我愿意捐款帮助景区防治自然灾害）；二，保守环保行为及行为意愿（我会遵循景区环境准则、我会选择环境友好型餐厅和旅馆消费、我已做到不越位游览、我已经做到不乱扔垃圾、我已经做到爱护动植物、我已节约使用旅馆水电等资源）。

1. 居民保护旅游地环境行为量表

探索性因子分析结果显示居民组 Bartlett 球形检验统计量为 2137.383，对应的相伴概率值都等于0.000，KMO统计量为0.763，说明数据适合做因子分析（吴铭隆，2009b）。9个指标提取值在样本中均大于0.300，因子载荷介于0.415~0.923间。样本提取3个公因子，累计解释方差贡献率为68.951（表3-18）。维度一主要体现居民愿意对景区资源、环境做出的贡献，命名为"积极环保行为意愿"。维度二主要体现的是居民在目的地已经做到哪些较容易实施的亲环境行为，命名为"日常环保行为"；维度三体现居民当地生态环境的管理、保护及建设的关心，命名为"景区生态关注"。经效度检验，量表Cronbach's Alpha效度为0.811，说明量表内在质量佳，校正的项总计相关性值大于0.300，项已删除的Cronbach's Alpha值均小于0.811，因此暂时无须删除任何指标。

表3-18　九寨沟、青城山-都江堰居民保护旅游地环境行为及行为意愿量表探索性因子分析结果（$N_{居民}=642$）

指标	提取	因子载荷			项总计相关性	项已删除的Alpha值
		因子1	因子2	因子3		
RCB1：我愿意选择对环境负责的店铺消费	0.301	0.923	—	—	0.409	0.805
RCB2：我愿意捐款帮助景区防治自然灾害	0.883	0.884	—	—	0.538	0.789
RCB3：我愿意捐款帮助景区保护环境	0.836	0.415	—	—	0.567	0.785
RCB4：生活中我已做到不乱扔垃圾	0.761	—	0.851	—	0.521	0.793
RCB5：生活中我已做到爱护动植物	0.765	—	0.845	—	0.555	0.789
RCB6：生活中我已经做到省电节水	0.653	—	0.767	—	0.493	0.791
RCB7：我曾关注过政府对景区的环境政策和措施	0.630	—	—	0.802	0.556	0.795
RCB8：我曾对景区生态环境保护或建设贡献过力量	0.707	—	—	0.800	0.450	0.786
RCB9：我曾关注过旅游对景区环境质量的影响	0.671	—	—	0.758	—	0.800

续 表

指标	提取	因子载荷			项总计相关性	项已删除的Alpha值
		因子1	因子2	因子3		
累积解释的总方差（旋转平方和载入）					68.951%	
Kaiser-Meyer-Olkin 检验					0.763	
Bartlett 球形度检验		近似卡方			2137.383	
		df			36	
		sig.			0.000	
Cronbach's Alpha					0.811	

南岭调研滞后于九寨沟、青城山-都江堰，居民环境行为测量指标共计6项。探索性因子分析结果显示居民组Bartlett球形检验统计量为2336.381，对应的相伴概率值都等于0.000，KMO统计量为0.636，说明数据适合做因子分析（吴铭隆，2009b）。6项指标提取值在样本中均大于0.300，因子载荷介于0.64~0.88间。样本提取两个公因子，累计解释方差贡献率为63.35（表3-19）。

表3-19 南岭居民保护旅游地环境行为量表探索性因子分析结果（$N_{居民}=314$）

因子	测量指标	均值	标准误差	因子载荷	项总计相关性
保守环保行为	对保护区的生态管理和建设贡献过力量	3.87	0.05	0.88	0.776
	为保护区的发展提供建议	3.75	0.05	0.81	0.656
	参与保护区日常管理事务	3.72	0.06	0.64	0.808
激进环保行为	举报非法采矿行为	2.96	0.07	0.61	0.789
	举报捕猎行为	3.74	0.06	0.62	0.514
	举报乱采滥伐行为	3.97	0.05	0.72	0.370
KMO =0.636 Cronbach's Alpha=0.707					

图3-4所示，九寨沟、青城山-都江堰居民保护旅游地环境行为及行为意愿模型所有测量指标均达到0.010显著水平显著（t>2.580）；指标RCB1标准化因子载荷为0.372，未达到0.500，因此删除此指标；所有指标R^2值均较小，仅有个别指标大于0.500，所以模型内在质量尚佳。“居民保护旅游地环境行为及行为意愿测量模型”潜在构念所解释的变异量有55.400%（AVE=0.554）

来自测量误差，表示测量指标较有效反映共同因素构念的潜在特制。测量模型 *CR* 值为 0.915，说明模型内在质量非常好，同时也反映量表信度极好。

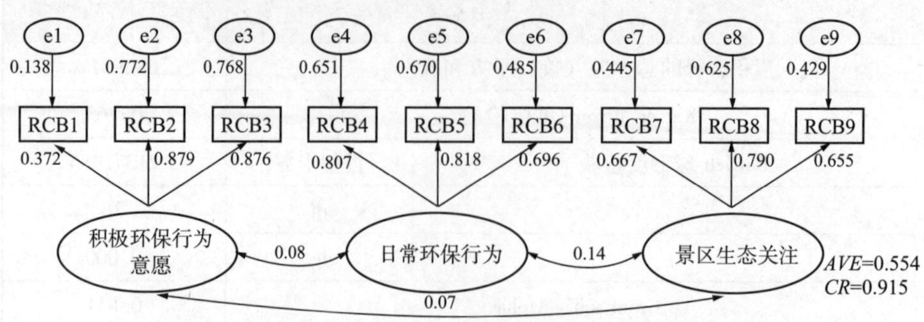

图 3-4　九寨沟、青城山-都江堰居民保护旅游地环境行为及行为意愿测量模型验证性因子分析（$N_{居民}=642$）

为了检查数据与模型拟合的效果，我们需要分析 AMOS 测量模型适配度输出报表。如表 3-20 所示，虽然模型在 0.050 显著水平显著（$p=0.000$）、卡方与自由度比值为 5.499、RMSEA 值为 0.084，说明所提出的测量模型与实际数据契合不佳，但是其他所有指标均达到标准，从绝对适配度、增值适配度和简约适配度综合评价来看，数据支持模型。

表 3-20　九寨沟、青城山-都江堰居民保护旅游地环境行为及行为意愿测量模型适配度检验（$N_{居民}=642$）

指标	标准		模型
绝对适配度	x^2	p>0.050	0.000
	CMIN/DF	<3.000	5.499
	RMR	<0.080	0.036
	GFI	>0.900	0.958
	RMSEA	<0.050	0.084
	NFI	>0.090	0.939
增值适配度	RFI	>0.090	0.908
	IFI	>0.090	0.949
	TLI	>0.090	0.923
	CFI	>0.090	0.949

续　表

指标	标准		模型
简约适配度	PGFI	>0. 050	0. 511
	PNFI	>0. 050	0. 626
	PCFI	>0. 050	0. 633

2. 游客保护旅游地环境行为及行为意愿量表

探索性因子分析显示游客组 Bartlett 球形检验统计量为 4136. 313，对应的相伴概率值都等于 0. 000，KMO 统计量为 0. 817，说明数据适合做因子分析（吴铭隆，2009b）。9 个指标提取值在样本中均大于 0. 300，因子载荷介于 0. 522～0. 910 间。样本提取两个公因子，累计解释方差贡献率为 60. 779%。维度一主要体现的是游客在目的地已经做到哪些较容易实施的亲环境行为以及对遵守景区环境管理制度的态度等，命名为“保守环保行为及行为意愿”；维度二主要体现游客对他人破坏景区资源与环境不文明行为的阻止意愿以及自己愿意对景区资源、环境做出的贡献，命名为“激进环保行为及行为意愿”。经效度检验，量表 Cronbach's Alpha 效度为 0. 821，说明量表内在质量佳，校正的项总计相关性值大于 0. 300，项已删除的 Cronbach's Alpha 值均小于 0. 821，因此暂时不删除任何指标（表 3-21）。

表 3-21　游客保护旅游地环境行为及行为意愿量表探索性因子分析（$N_{游客}=1142$）

指标	提取	因子载荷		项总计相关性	项已删除的 Alpha 值
		因子 1	因子 2		
TCB1：遇到破坏环境的行为我会劝说	0. 429	—	0. 599	0. 462	0. 811
TCB2：我会遵循景区环境准则	0. 519	0. 706	—	0. 523	0. 804
TCB3：我会选择环境友好型餐厅、旅馆消费	0. 389	0. 522	—	0. 501	0. 806
TCB4：我已做到不越位游览	0. 432	0. 639	—	0. 473	0. 808
TCB5：我愿意捐款帮助景区防治自然灾害	0. 823	—	0. 900	0. 536	0. 804
TCB6：我愿意捐款帮助景区保护环境	0. 838	—	0. 910	0. 532	0. 804
TCB7：我已经做到不乱扔垃圾	0. 689	0. 825	—	0. 575	0. 799
TCB8：我已经做到爱护动植物	0. 741	0. 857	—	0. 596	0. 797

续 表

指标	提取	因子载荷		项总计相关性	项已删除的Alpha 值
		因子 1	因子 2		
TCB9：我已节约使用旅馆水电等资源	0.611	0.751	—	0.602	0.795
累积解释的总方差（旋转平方和载入）				60.779%	
Kaiser-Meyer-Olkin 检验				0.817	
Bartlett 球形度检验		近似卡方		4136.313	
		df		36	
		sig.		0.000	
Cronbach's Alpha				0.821	

游客保护旅游地环境行为及行为意愿模型所有测量指标均达到 0.010 显著水平（$t>2.580$）；指标 TCB1 与 TCB3 标准化因子载荷未达到 0.500，但是大于 0.450，所以指标勉强可以保留；所有指标 R^2 值均较小，仅有个别指标大于 0.500，所以模型内在质量尚佳。测量模型“游客保护旅游地环境行为及意愿”潜在构念所解释的变异量有 51.300%（$AVE=0.513$）来自测量误差，表示测量指标较有效反映共同因素构念的潜在特质。测量模型 CR 值为 0.900，说明模型内在质量非常好，同时也反映量表信度极好（图 3-5）。

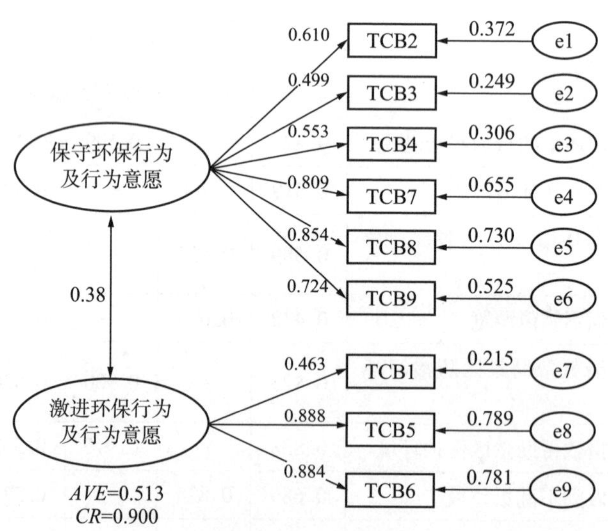

图 3-5　游客保护旅游地环境行为及行为意愿测量模型验证性因子分析（$N_{游客}=1142$）

为了检查数据与模型拟合的效果，我们需要分析 AMOS 测量模型适配度输出报表。如表 3-22 所示，虽然模型在 0.050 显著水平显著（$p=0.000$）、卡方与自由度比值为 9.939、RMSEA 值为 0.089，说明所提出的测量模型与实际数据契合不佳。但是其他所有指标均达到标准，从绝对适配度、增值适配度和简约适配度综合评价来看，数据支持模型。

表 3-22　游客保护旅游地环境行为及行为意愿测量模型适配度检验（$N_{游客}=1142$）

<table>
<tr><th>指标</th><th colspan="2">标准</th><th>模型</th></tr>
<tr><td rowspan="6">绝对适配度</td><td>x^2</td><td>p>0.050</td><td>0.000</td></tr>
<tr><td>CMIN/DF</td><td><5.000</td><td>9.939</td></tr>
<tr><td>RMR</td><td><0.080</td><td>0.043</td></tr>
<tr><td>GFI</td><td>>0.900</td><td>0.951</td></tr>
<tr><td>RMSEA</td><td><0.050</td><td>0.089</td></tr>
<tr><td>NFI</td><td>>0.090</td><td>0.938</td></tr>
<tr><td rowspan="4">增值适配度</td><td>RFI</td><td>>0.090</td><td>0.914</td></tr>
<tr><td>IFI</td><td>>0.090</td><td>0.944</td></tr>
<tr><td>TLI</td><td>>0.090</td><td>0.922</td></tr>
<tr><td>CFI</td><td>>0.090</td><td>0.944</td></tr>
<tr><td rowspan="3">简约适配度</td><td>PGFI</td><td>>0.050</td><td>0.549</td></tr>
<tr><td>PNFI</td><td>>0.050</td><td>0.677</td></tr>
<tr><td>PCFI</td><td>>0.050</td><td>0.681</td></tr>
</table>

3.4.4　生计资本变化认知量表

生计是指谋生的方式，建立在个体能力、资产（储备物、资源、要求权和享有权）和活动基础之上，即生计是由能力、资产和活动等生计要素组成。生计分析作为一种观察和研究环境保护、自然资源可持续利用和乡村扶贫的视角，为解释和解决生态敏感旅游地的环境问题提供了新的工具。生计资产的量化分析对于研究生计脆弱性、生计策略以及了解居民的生计现状与行为都具有重要意义（李广东 等，2012）。生计资产量化主要通过建立居民生计资产评价指标体系进行计算，可用于评估居民生计资产状况（徐鹏 等，2008）、划分农户类型（王利平 等，2012）。生态敏感地区居民生计资本存在空间异质性（赵雪雁，2011；Ma et al.，2018），与地理资源条件空间位置有较强的耦合性，具体表现为生计资本存量与少数民族人口空间分布呈极强的负相关、与交通优势度之间呈强正相关、与地形起伏度呈中度负相关（何仁伟，2014）。旅游地居民生计资本受到社区发展政策影响，自治社区居民生计资本显著高于租赁经营社区（Cheng et al.，2017）。生计资本差异可在不同程度上影响居民生计策略选择（Wang et al.，2015）。本书依据Ashley（2000）、Ellis（2000）、Stone 和 Nyaupane（2018）的成果，运用主观量表测量在环境管控与乡村旅游等经济鼓励政策的双重交互下，居民生计资本的变化情况。探索性因子分析显示游客组 Bartlett 球形检验统计量为3146.823，对应的相伴概率值都等于0.000，KMO 统计量为0.666，说明数据适合做因子分析（吴铭隆，2009b）。14 个指标提取值在样本中均大于0.300，因子载荷介于0.61~0.95 间。样本提取 5 个公因子，累计解释方差贡献率为54.589%。

表 3-23　生计资本变化认知描述统计（N=314）

因子	指标	均值	标准误	因子载荷	项总计相关性
金融资本增加	农业收入增加	2.90	0.06	0.60	0.574
	旅游收入增加	2.66	0.07	0.69	0.566
	工作收入增加	3.20	0.07	0.69	0.458
	政府补贴增加	2.99	0.06	0.75	0.504
	其他收入增加	2.16	0.07	0.61	0.566
社会资本增加	有亲朋好友在政府事业单位工作	2.69	0.07	0.95	0.404
	当遇到困难时能得到帮助	3.90	0.06	0.84	0.741
	邻里可信任	3.33	0.06	0.73	0.654
人力资本增加	家庭劳动力增多	3.47	0.06	0.76	0.641
	家庭成员受教育水平提升	3.06	0.07	0.76	0.726

续　表

因子	指标	均值	标准误	因子载荷	项总计相关性
自然资本增加	林地减少	2.97	0.07	0.72	0.519
	耕地减少	3.12	0.07	0.72	0.730
物质资本增加	居住条件改善	2.84	0.07	0.76	0.559
	地方基础设施改善	3.47	0.07	0.76	0.591
文化资本增加	更加坚信人类要服从于自然规律	4.25	0.05	—	—
KMO =0.666，Cronbach's Alpha=0.704					

3.4.5　灾害后果认知量表

这里我们所说的灾害是指自然灾害，比如地震、滑坡、泥石流等。为了测量受访者“灾害后果认知”，本书根据 Ho 等人的风险感知量表以及结合团队前期研究成果和深度访谈设计测量指标（Ho et al.，2008；李敏 等，2011a；李敏 等，2011b；李倩，2012）。指标设计考虑到灾害对景区环境、景观、设施的破坏，灾害对居民生活和受访者个人生命财产安全的威胁（表 3-24），测量评分“1”~“5”表示从非常不同意到非常同意。

表 3-24　灾害后果认知量表

居民	游客
RCDC1：我知道这里发生过自然灾害	TCDC1：自然灾害会毁坏这里的景观与设施
RCDC2：自然灾害会损坏这里的生态环境	TCDC2：旅行中发生自然灾害是很危险的
RCDC3：自然灾害会损坏这里的景观与设施	TCDC3：我害怕旅行中发生自然灾害
RCDC4：这里发生自然灾害会影响我的生活	TCDC4：我知道这里发生过自然灾害

1. 灾害后果认知量表探索性因子分析

探索性因子分析居民灾害后果认知量表 KMO 统计量为 0.612，虽然值偏小但尚可进行因子分析（表 3-25）。样本提取一个公因子，累计解释方差贡献率为 47.546%，命名为“灾害后果认知”。除 RCDC1 外其余指标提取值、校正的项总计相关性都大于 0. 300，且删除 RCDC1 指标后的已删除的 Cronbach's Alpha 值为 0. 637，大于 0. 481，因此建议删除指标 RCDC1。

游客组灾害后果认知量表探索性因子分析结果显示 KMO 值为 0. 792，Bartlett 球形度检验近似卡方值为 1102. 209，说明量表适合进行因子分析（表 3-25）。从指标提取值、因子载荷、校正的项总计相关性和项已删除的 Cronbach's Alpha 值看，适宜删除指标 TCDC4。删除指标后 Cronbach's Alpha 信度值提高至 0. 601。

表 3-25　灾害后果认知量表探索性因子分析（$N_{\text{居民}}=642$，$N_{\text{游客}}=1142$）

居民					游客				
指标	提取	因子载荷	项总计相关性	项已删除的 Alpha 值	指标	提取	因子载荷	项总计相关性	项已删除的 Alpha 值
RCDC1	0. 208	0. 456	0. 248	0. 637	TCDC1	0. 507	0. 712	0. 386	0. 477
RCDC2	0. 391	0. 625	0. 344	0. 375	TCDC2	0. 570	0. 755	0. 430	0. 461
RCDC3	0. 678	0. 823	0. 401	0. 355	TCDC3	0. 517	0. 719	0. 405	0. 459
RCDC4	0. 625	0. 790	0. 379	0. 384	TCDC4	0. 215	0. 463	0. 235	0. 601
累积解释的总方差（旋转平方和载入）				47. 546%	累积解释的总方差（旋转平方和载入）				58. 036%
Kaiser-Meyer-Olkin 检验				0. 612	Kaiser-Meyer-Olkin 检验				0. 792
Bartlett 球形度检验			近似卡方	389. 884	Bartlett 球形度检验			近似卡方	1102. 209
			df	6				df	6
			sig.	0. 000				sig.	0. 000
Cronbach's Alpha				0. 481	Cronbach's Alpha				0. 573

2. 灾害后果认知测量模型验证性因子分析

灾害后果认知测量模型验证性因子分析结果显示：所有测量指标均达到 0. 010 显著水平（$t>2.580$）；除指标 RCDC2 标准化回归系数小于 0. 500 外，其余测量指标标准化回归系数均大于 0. 500；且在两组模型中均只有一个项目的信度大于 0. 500；居民灾害后果认知测量模型 *AVE* 值虽然为 0. 450，但是接近 0. 500 的水平，且 *CR* 值等于 0. 690，大于 0. 600，可以说模型内在性质尚可接受；游客灾害后果认知测量模型 *CR* 值为 0. 626，但是 *AVE* 值仅为 0. 365，远小于 0. 500 的标准，因此模型内在性质欠佳（图 3-6）。

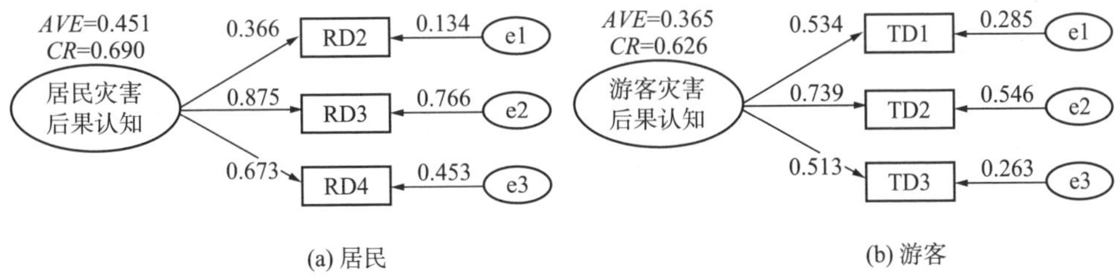

图 3-6 灾害后果认知测量模型验证性因子分析（$N_{居民}=642$，$N_{游客}=1142$）

从测量模型适配度计算结果看（表 3-26），两组灾害后果认知测量模型均达到显著性水平，卡方与自由度比值不可计算（因为自由度为 0）。两组模型 GFI、NFI、IFI、CFI 值均达到 1.000，测量模型为“正好识别模型”（由于模型测量指标偏少所致）。

表 3-26 灾害后果认知测量模型适配度（$N_{居民}=642$，$N_{游客}=1142$）

指标	标准		居民	游客
绝对适配度	x^2	$p>0.050$	0.000	0.000
	CMIN/DF	<3.000	—	—
	RMR	<0.080	0.000	0.000
	GFI	>0.900	1.000	1.000
	RMSEA	<0.050	0.423	0.338
增值适配度	NFI	>0.090	1.000	1.000
	RFI	>0.090	1.000	—
	IFI	>0.090	1.000	1.000
	TLI	>0.090	1.000	—
	CFI	>0.090	1.000	1.000
简约适配度	PGFI	>0.050	0.000	0.000
	PNFI	>0.050	0.000	0.000
	PCFI	>0.050	0.000	0.000

3.4.6 环保道德规范量表

环保道德规范是指个体感觉到自己有责任实施或者避免对环境产生影响的某种特殊行为，是直接激发个体实施环保行为的重要因素。环保道德规范的测量根据Vining（1992）和Harland（2007）的指标设计，以“我有责任……”的形式提问。在居民组问卷中有以下四个测量指标“我有责任劝阻破坏景区环境的行为”“我有责任遵守这里的环境法规”“我有责任保护这里的环境”和“我有责任减少生活中产生的环境问题”。在游客问卷中环保道德规范有一个测量指标，为“我有责任保护这里的生态环境”。测量评分“1”表示非常不赞同、“3”表示说不清、“5”表示非常赞同。

1. 环保道德规范量表探索性因子分析

由于量表KMO统计量为0.650，Bartlett球形检验发现变量间在0.010显著水平显著，因此量表勉强可以进行因子分析，经因素萃取最终获得1个公因子（表3-27），命名为“环保道德规范”。信度检验量表Cronbach's Alpha值为0.836，表示量表信度很好。由于效度检验所有指标提取值大于0.300、因子载荷大于0.500，因此在此阶段不需要删除任何指标。信度检验中所有指标校正的项总计相关性大于0.300，但是EN1指标项已删除的Cronbach's Alpha值大于0.836，考虑到删除指标后验证性因子分析模型会出现“正好识别模型”情况，所以暂时保留此指标。

表3-27　环保道德规范量表探索性因子分析（$N_{居民}=642$）

指标	提取	因子载荷	项总计相关性	项已删除的Alpha值
EN1：我有责任劝阻破坏景区环境的行为	0.539	0.734	0.560	0.845
EN2：我有责任遵守这里的环境法规	0.747	0.864	0.728	0.767
EN3：我有责任保护这里的环境	0.802	0.895	0.779	0.745
EN4：我有责任减少生活中产生的环境问题	0.632	0.795	0.624	0.812
累积解释的总方差（旋转平方和载入）			67.976%	
Kaiser-Meyer-Olkin 检验			0.650	
Bartlett 球形度检验	近似卡方		465.635	
	df		6	
	sig.		0.000	
Cronbach's Alpha			0.836	

2. 环保道德规范测量模型验证性因子分析

在验证性因子分析中所有因子标准化因子载荷介于0.614~0.896之间，

达到大于 0.500，小于 0.950 的标准；所有指标均达到在 0.010 显著水平（$t>2.580$），表示基本适配指标理想（图 3-7）。测量模型 *CR* 值为 0.847，*AVE* 值为 0.585，表示模型的内在质量理想。

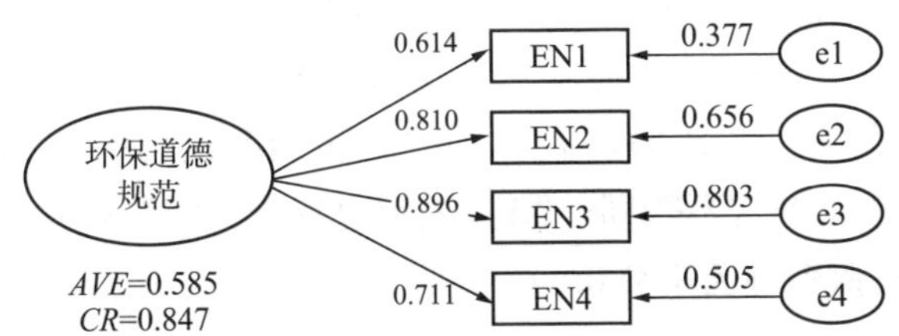

图 3-7 环保道德规范测量模型验证性因子分析（$N_{居民}=642$）

从测量模型适配度表（表 3-28）可以看出，虽然旅游地环境后果认知测量模型显著性概率为 0.000，RMSE = 0.057、PGFI = 0.199、PNFI = 0.331、PCFI = 0.332 没有达到标准外，其余适配度指标均达到标准，说明数据与模型契合较好。

表 3-28 环保道德规范测量模型适配度（$N_{居民}=642$）

指标	标准		模型
绝对适配度	x^2	$p>0.050$	0.000
	CMIN/DF	<5.000	3.089
	RMR	<0.080	0.006
	GFI	>0.900	0.995
	RMSEA	<0.050	0.057
增值适配度	NFI	>0.090	0.994
	RFI	>0.090	0.983
	IFI	>0.090	0.996
	TLI	>0.090	0.989
	CFI	>0.090	0.996
简约适配度	PGFI	>0.050	0.199
	PNFI	>0.050	0.331
	PCFI	>0.050	0.332

3.4.7 地方依恋量表

根据 Vaske 和 Kobrin（2001）、Halpenny（2010）的地方依恋量表，本书使用 5 个指标测量居民的地方依恋，分别涉及地方依靠、地方认同和地方情感，分别为“我已习惯了在这生活”“我愿意在这里长久生活”“我对这里有很深的感情”“我关心本地的发展”和“这里给我的感觉比其他地方都好”。测量评分“1”表示非常不赞同、“3”表示说不清、“5”表示非常赞同。

1. 地方依恋量表探索性因子分析

由于量表 KMO=0.857，Bartlett 球形检验发现变量间在 0.010 显著水平显著，因此量表很适合进行因子分析（表 3-29），经因素萃取最终获得 1 个公因子命名为“地方依恋”。信度检验 Cronbach's Alpha 值为 0.876，说明量表内部质量很好。虽然指标 PA4 因子载荷为 0.498、项已删除的 Cronbach's Alpha 值为 0.894，但是指标提取值与校正的项总计相关性均大于 0.300，因此暂时不删除此指标。此因子分析结果与以往实证研究因子维度不同，Vaske 和 Kobrin（2001）的地方依恋量表分为地方认同和地方依赖两个维度，而研究仅获取一个维度。

表 3-29 地方依恋量表探索性因子分析（$N_{居民}=642$）

指标	提取	因子载荷	项总计相关性	项已删除的 Alpha 值
PA1：我已习惯了在这生活	0.717	0.847	0.741	0.840
PA2：我愿意在这里长久生活	0.788	0.888	0.799	0.826
PA3：我对这里有很深的感情	0.784	0.885	0.798	0.827
PA4：我关心本地的发展	0.403	0.635	0.498	0.894
PA5：这里给我的感觉比其他地方都好	0.671	0.819	0.700	0.851
累积解释的总方差（旋转平方和载入）			67.266%	
Kaiser-Meyer-Olkin 检验			0.857	
Bartlett 球形度检验	近似卡方		1731.750	
	df		10	
	sig.		0.000	
Cronbach's Alpha			0.876	

2. 地方依恋测量模型验证性因子分析

地方依恋测量模型所有指标标准化因子载荷介于 0.526~0.875，所有指标均在 0.010（$t>2.580$）显著水平显著，说明模型内在质量较好。测量模型 *AVE* 值为 0.600，大于 0.500 的标准，证明测量量表效度较好；同时模型 *CR* 值为 0.880，大于 0.600 的标准说明量表信度很好（图 3-8）。

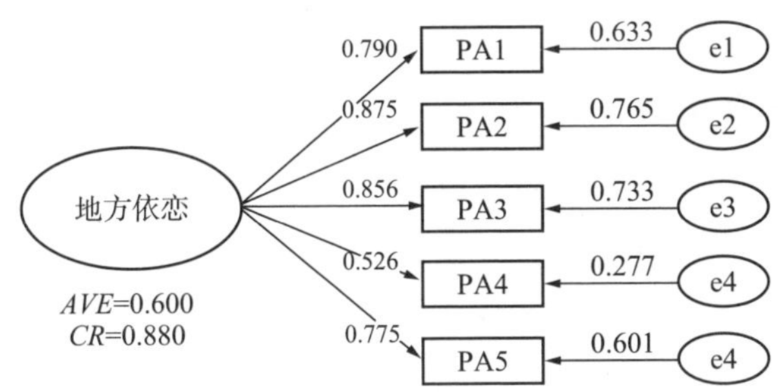

图 3-8 地方依恋测量模型验证性因子分析（$N_{居民}$=642）

测量模型适配度反映数据与模型拟合的效果，虽然模型在 0.050 显著水平显著，说明所提出的测量模型与实际数据契合不佳，但是其他适配度指标（表 3-30，RMR=0.014、GFI=0.977、NFI=0.979、RFI=0.958、IFI=0.982、TLI=0.964、CFI=0.982）均达到标准，总体来看测量模型可以接受。

表 3-30 地方依恋测量模型适配度（$N_{居民}$=642）

指标	标准		模型
绝对适配度	x^2	$p>0.050$	0.000
	CMIN/DF	<5.000	7.225
	RMR	<0.080	0.014
	GFI	>0.900	0.977
	RMSEA	<0.050	0.099
	NFI	>0.090	0.979
增值适配度	RFI	>0.090	0.958
	IFI	>0.090	0.982
	TLI	>0.090	0.964
	CFI	>0.090	0.982

续 表

指标	标准		模型
简约适配度	PGFI	>0.050	0.326
	PNFI	>0.050	0.490
	PCFI	>0.050	0.491

3.4.8 环保情感量表

情感可以表现为幸福、高兴、美感、伤心、仇恨、愤怒等，它是一种复杂而又稳定的生理评价和体验体系，它是人类主体对客观事物价值的一种主观反映，隶属于人们的价值体系（朗格 等，1986）。这里我们所说的环保情感是指游客对自己或他人不文明行为（或亲环境行为）所表现出的愤怒、尴尬或高兴等。Zins（2002）认为就游客体验研究领域来说，结合认知与情感概念去解释游客意图与行为很有必要，然而情感的结构和内容比较模糊，不容易测量。在心理学领域，较流行的测量情感的工具是 Izard 等（1972）的离散情感模型（Izard's discrete emotion model）和 Russell 等（1989）的情感模型（Russell's model of affect）。Russell 等（1989）认为情感在刺激、认知过程和反映行为之间起着调节作用。他指出高兴/不高兴（pleasantness/unpleasantness，如高兴与气愤、愉悦与烦躁等）与觉醒/沉寂（arousal/quietude，如积极与被动、乐观与幻灭等）是情感的两个主要正交维度，并且可以解释个体内心情绪状态。Heywood（2002）研究认为个人行为规范由认知规范和情感规范组成，并对个人行为有着影响。所谓情感规范就是个体因自己的不良行为而受到惩罚时所产生的情感，如感到丢脸、感到罪恶或者尴尬。当游客在目的地随意丢弃垃圾、采摘践踏植物、干扰野生动物、甚至自己的行为对珍贵旅游资源造成破坏时，当事人由于个人道德规范以及公众舆论的作用也会产生上述情感。

本书设计 3 个指标测量游客对旅游地资源与环境的情感：“任何破坏这里景观的行为都让我感到尴尬”“任何破坏这里景观的行为都让我气愤”“很高兴看到任何保护这里环境的行为”（祁秋寅 等，2009；周惠玲 等，2010）。如表 3-31 所示，环保情感量表效度检验 KMO 统计量为 0.829，说明量表勉强可以进行因子分析，经主成分分析法、最大方差旋转后得到 1 个因子，所有因子载荷均大于 0.500，累计解释的方差为 68.210%，因子命名为“环保情感”。

信度检验 Cronbach's Alpha 值为 0. 894，表示量表质量尚可。环保情感因子均值为 4. 342，说明游客经过旅游活动对目的地的生态环境保护有着较积极的态度，因子均值的标准误和标准差均很小，而且峰度小于 8. 000、偏度小于 3. 000，说明因子均值适合做路径分析。

表 3-31　环保情感量表因子分析结果（$N_{游客}=1142$）

指标/因子	均值	标准差	标准误	峰度	偏度	因子载荷	累积解释的总方差（%）
环保情感	4. 342	0. 023	0. 760	2. 579	-1. 338	NFI	68. 210
EA1：任何破坏这里景观的行为都让我感到尴尬	4. 190	0. 027	0. 907	1. 429	-1. 197	0. 728	—
EA2：任何破坏这里景观的行为都让我气愤	4. 434	0. 023	0. 773	3. 431	-1. 645	0. 834	—
EA3：很高兴看到任何保护这里环境的行为	4. 283	0. 025	0. 847	2. 579	-1. 450	0. 730	—
KMO = 0. 829，Cronbach's Alpha = 0. 894							

3. 4. 9　景观体验认知量表

游客在旅游地经历的任何事情都可以称之为体验（如游览、观景、学习、享受和身临不同往常的生活模式等），它可以是行为或感知、认知或情感、明示或暗示。旅游体验的性质和范围由目的地提供，由游客决定目的地的价值来实现（Oh et al., 2007）。个体通过处理旅游体验外部信息，形成自己的信念和判断——认知（cognitive）。事实上，游客体验来自旅游景观资源所传达的主要概念（De Rojas et al., 2008），同时游客在旅游地的环境行为也可能受到其所获得的体验的影响。游客在目的地所寻求的总体体验包括休闲、文化、教育和社会互动，正因为此，许多旅游企业（组织）逐渐开始重视公众参与他们的计划和项目。为了激发游客积极的旅游体验，旅游（尤其是文化旅游资源）管理部门往往举行大规模节事活动，并且提供多样化的体验学习机会。游客到访经验绝不是仅能通过简单的展品检阅获得，而是应该透过旅游管理部门的进一步阐释，加深对旅游资源的理解（Colbert, 2003）。因此游客对资源环境的关注、人地关系的思考都可以从高质量的旅游体验中获得。

感知质量是旅游体验认知形成的关键因素之一。Brady 和 Cronin Jr（2001）认为个体感知所接受服务的质量由三个维度决定：结果质量（outcome quality）、互动质量（interaction quality）和周围环境质量（physical environmental quality）。结果质量是当服务结束时顾客得到什么，考虑到游客体验与环保之间的关系，本书设计测量指标为“这里的文化促使我重新思考人地关系”和“这里的传统文化对我的行为产生影响”。互动质量在服务被传递的时候就开始了，当游客在目的地“消费”高质量的生态环境以及历史悠久的地方文化时，旅游地的资源服务就已经传递给顾客，同时顾客在认知上也会与目的地的资源产生互动，据此设计题项为“文化元素提升自然景观吸引力”和“这里特殊的自然环境为地方文化的诞生奠定基础”。周围环境质量是服务传递和产品出售所在地的环境条件，根据此体验认知，本书设计 2 个题项“景区环境干净、整洁”和“景区各种设施与自然环境协调”。测量评分“1”表示非常不赞同、“3”表示说不清、“5”表示非常赞同。

游客景观体验认知量表经效度检验分析，KMO 统计量为 0. 654，说明勉强可以进行因子分析，所有指标因子载荷介于 0. 671~0. 808，并未落在预先设计的维度，而是形成两个因子“文化景观体验认知”与“自然景观体验认知”，两个因子累积解释的总方差为 59. 289%（表 3-32）。量表信度检验 Cronbach's Alpha 值为 0. 708，说明量表内部质量较好。“文化景观体验认知”与“自然景观体验认知”因子均值均大于 4. 000，说明受访者经旅游体验活动对文化景观与自然景观产生的认知水平较高；同时两因子均值标准差、标准误均较小且峰度小于 8. 000、偏度小于 3. 000，因此“文化景观体验认知”与“自然景观体验认知”因子均值适合进行路径分析（表 3-32）。

表 3-32　景观体验认知量表探索性因子分析结果（$N_{游客}=1142$）

指标/因子	均值	标准差	标准误	峰度	偏度	因子载荷	累积解释的总方差（%）
文化景观体验认知	4. 115	0. 019	0. 639	0. 712	−0. 625	—	28. 976
CE1：这里的文化促使我重新思考人地关系	3. 850	0. 028	0. 933	0. 081	−0. 601	0. 808	—
CE2：文化元素提升自然景观吸引力	4. 110	0. 026	0. 868	0. 904	−0. 971	0. 724	—

续　表

指标/因子	均值	标准差	标准误	峰度	偏度	因子载荷	累积解释的总方差（%）
CE3：这里的传统文化对我的行为产生影响	4.342	0.023	0.761	2.574	-1.338	0.735	—
自然景观体验认知	4.116	0.016	0.543	1.744	-0.644	—	59.289
CE4：这里特殊的自然环境为地方文化的诞生奠定基础	4.198	0.023	0.766	1.908	-1.057	0.738	—
CE5：这里的环境整洁干净	4.386	0.021	0.709	2.616	-1.233	0.766	—
CE6：这里的各种设施与环境相协调	3.808	0.023	0.791	1.636	-0.790	0.671	—
KMO = 0.654，Cronbach's Alpha = 0.708							

3.5　研究假设

根据社会交换理论，人们因预期的利益而参与交换关系。例如居民参与生态环境保护，可能是因为能够为自己的生活带来好处。例如保护生物多样性可能是为未来生计打算，保护当地自然景观可能是想保障旅游业正常发展而从中获益（Ross & Wall，1999；Stone & Nyaupane，2015）。保护区型旅游地居民对地方资源、环境的态度和行为受生计影响（Reggers et al.，2016）。琼斯（2010）认为，高水平的社会资本可能有助于形成一个生态营地，但可能已危及环境改善。刘静艳等（2009）提出了不同的意见，她们认为社会资本可以鼓励居民实施环保行为。本书基于社会交换理论和前人研究结果，提出假设：

H1：生计资本变化认知对居民保护旅游地环境行为（含保守行为与激进行为二维度）有显著影响。

NAM 模型在环境领域得到广泛应用，主要涉及汽油使用行为（Hunecke et al.，2001）、庭院燃烧垃圾行为（Van Liere et al.，1978）、回收利用行为（Guagnano et al.，1995；Saphores et al.，2012）、节约能源行为（Tyler et al.，

1982；张毅祥 等，2013）和非特指环保行为等（Onwezen et al.，2013）。Black 等（1985）研究节约能源行为发现，需求关注（awareness of need）和情境责任（situational responsibility）可以很好地预测个人规范，同时个人规范也是节约行为的显著影响因素。Joireman（2001）团队对 161 名学生进行研究，发现与目光短浅的人（low level consideration of future consequences）相比，有远见的人（high level consideration of future consequences）表现出更强的环保意愿并且实施环保行为的水平也更高。未来结果考虑（consideration of future consequences）通过感知结果（perceived consequences）对环保行为及意愿起调节作用，越有远见感知结果水平越高，同时环保行为意愿水平也高。Hunecke 等（2001）通过 NAM 模型研究发现特定个体生态规范对旅行（交通）方式选择有很强的预测力。Noe，Hull 和 Wellman（1982）引入 NAM 模型对哈特拉斯角海滨行人与越野车使用者之间的休闲使用冲突进行研究，结果发现在娱乐的情况下此模型不能很好地预测遵守规范行为。Zhang，Wang 和 Zhou（2013）研究证明 NAM 模型能有效预测省电行为。常跟应等（2012）借助 NAM 理论研究张掖市城市居民价值取向（个人后果意识、社会利他后果意识和生态后果意识）与用水行为之间的关系，结果发现，受访者不太关心区域水资源短缺问题，在日常用水中多考虑个人利益，较少考虑他人利益。近 10 年来，更多的研究在联立 NAM 模型与 TPB 理论解释环保行为，如 Liebe（2011）的公众环境物品支付意愿研究、Matthies 等（2012）对纸张回收再利用行为的研究以及王宁（2010）对旅游者环境说服行为、环境经济行为、环境管理行为的研究等。

与个人行为后果认知相比，对环境后果的认识在环保领域有更广泛的应用空间，因为人为及非人为事件均会对相关人员的福祉产生影响。本书假设，如果个体注意到环境情况（environmental condition）对他们关注的人或事物产生影响，那么他们就会采取环保行动。在此引入“灾害后果认知”概念来研究环境后果认知对个体环保行为的影响。虽然 Schwartz 的模型强调 AR 对 AC 和个人规范有调节作用，结合 Stern 的研究成果，AC 可以直接影响个人规范，本书省略 AR 的调节作用，直接探索并验证 AC、个人规范和环保行为之间的关系。有学者认为 AR 与个人规范测量指标意思比较相近，可以认为是一个概念范畴（Harland et al.，2007），同时国内已有研究证实 AC 对个人规范有直接影响（张玉玲 等，2014b）。因此，本书提出以下研究假设：

H2：灾害后果认知对环保道德规范有正向影响。

H3（a）：环保道德规范对保护旅游地环境行为（含日常环保行为与景区生态关注二维度）有正向影响。

H3（b）：环保道德规范对激进环保行为及行为意愿有正向作用。

H3（c）：环保道德规范对保守环保行为及行为意愿有正向作用。

H3（d）：环保道德规范对积极环保行为意愿有正向作用。

VBN 理论自 2000 年创立以来得到广泛应用，如公园使用支付意愿（López-Mosquera et al.，2012）、保护生物多样性承诺（Menzel et al.，2010；Johansson et al.，2013）、改变交通方式（Jansson et al.，2011）、节约能源（Sahin，2013）、评估管理备选方案（Steg et al.，2005）、支持环保主义运动（Stern，1999）和环保行为研究理论创新等领域（Papagiannakis et al.，2012）。孙岩（2006）将国民环境行为分为生态管理、消费行为、说服行为和公民行为四个维度，并借鉴 VBN 理论和 ABC 理论构建假设模型。结果发现，我国居民实施环境行为并不是基于科学的环境信念，而是基于道德责任感和社会规范。刘贤伟（2012）利用 VBN 理论研究大学生价值观、新生态范式和亲环境行为之间的关系。研究发现，利己价值观和生物圈价值观均可以通过新生态范式对个人领域亲环境行为起作用。VBN 理论的因果链为：价值观→新生态范式→后果认知→责任认知→环保个人规范→行为。根据 VBN 理论，本书提出以下假设（因果链“后果认知→责任认知→环保个人规范→行为”研究假设 H2~H3 已在上文提出）：

H4：利他价值观对环境世界观有直接正向作用。

H4（a）：利他价值观直接正面影响环境世界观—人地关系认知。

H4（b）：利他价值观直接正面影响环境世界观—非人类中心主义。

H5：利己价值观对环境世界观有直接正向作用。

H5（a）：利己价值观直接正面影响环境世界观—人地关系认知。

H5（b）：利己价值观直接正面影响环境世界观—非人类中心主义。

H6：环境世界观对灾害后果认知有直接正向作用。

在一系列影响行为的社会心理因素中，态度可以作为起始变量对行为起间接作用，这在许多实证研究中都得到证实（Relph，1976；Ajzen，1989；Friedkin，2010；Lee，2011）。沈立军（2008）利用 NEP 量表测量大学生环境价值观，并研究环境价值观与环境行为（节约能源行为、交通行为、循环利用行为、购买消费行为和饮食消费行为）之间的关系，结果发现环境价值观对环境行为有着直接正向影响。新生态范式对大学生个人领域亲环境行为存在正向的直接效应，在刘贤伟（2012）的研究中也得到证实。本书利用 NEP 量表测量环境世界观，事实上 NEP 量表也是测量公众最朴素环境态度的态度量表，因此本书省去规范激活因素 AC 和 AR，建立环境世界观与环保道德规范的直接关系，提出以下研究假设：

H7：环境世界观直接正面影响环保道德规范。

H7（a）：环境世界观—人地关系认知对环保道德规范有直接正面影响。

H7（b）：环境世界观—非人类中心主义对环保道德规范有直接正面影响。

Schwart 的研究证明价值观与利他主义行为有微弱的联系（Schwartz，1970a；Schwartz et al.，1980）；Karp（1996）研究发现自我超越价值观对自述环保行为有正面影响；Stern 等（1995）研究发现利己价值观对自述环保行为有负面影响。刘贤伟（2012）对中国大学生环保行为研究发现，利他价值观对公共、个人领域环保行为有直接正向的影响，而利己价值观仅对个人领域环保行为有直接负向的影响。然而，也有研究认为价值观对行为没有显著的直接作用，价值观要通过其他因素（如信念或个人规范）的调节作用对行为产生影响。中国传统文化充满集体主义、利他主义价值观，生态伦理道德贯穿儒、道、释三种中国传统文化，因此本书尝试探索在中国文化背景下个人价值观是否对环保行为有直接作用，提出以下研究假设：

H8（a）：利他价值观对游客保守环保行为及行为意愿有直接正面影响。

H8（b）：利他价值观对游客激进环保行为及行为意愿有直接正面影响。

H9（a）：利己价值观对游客保守环保行为及行为意愿有直接正面影响。

H9（b）：利己价值观对游客激进环保行为及行为意愿有直接正面影响。

20 世纪 90 年代以来，在环保主义研究领域中地方依恋理论被广泛用于解释环境行为（Devine-Wright et al.，2010b；Gosling et al.，2010；Hernández et al.，2010）。Halpenny（2010）将地方依恋分为地方认同、地方依赖、地方情感三个维度，研究加拿大国家公园游客的环保行为意愿，研究发现在因子分析中地方情感不能成为一个单独的因子，地方依赖通过地方认同影响游客保护国家公园环境行为意愿。Ramkissoon 等（2012）从地方依恋的多种维度出发建立综合的概念模型，研究地方依赖、地方认同、地方情感、地方社会纽带、保护国家公园行为意愿、地方满意度与一般环保意愿之间的关系。Yuksel 等（2010）认为地方依恋对农民保护植被行为没有影响，连通自然（connectedness to nature）要通过感知受益影响农民管理植被行为。Lee（2011）建立以娱乐参与、地方依恋、环保承诺为自变量的行为模型，研究湿地游客的环保行为，地方依恋可以直接影响游客在湿地的环保行为，同时也可以通过环保承诺影响环保行为。Brehm 等（2006）从社会依恋和自然依恋两个维度预测地方依恋对居民关注社区环境问题的影响，研究结果证明社会依恋对社区文化环境问题（社区文化、认同、健康）影响显著，自然依恋对社区资源保护问题影响显著。Hernández（2010）从地方认同、地方依恋角度出发，研究破坏环境法规行为的原因，结果证明地方认同通过环境态度和个人规范对反生态环境行为产生影响，但是地方依恋对反生态环境行为无影响。赵宗金等（2013）、万基财等（2014）均将地方依恋分成地方认同和地方依赖两个维度，研究游客地方依恋与保护旅游地环境行为之间的关系，研究结果均证明地方认同、地方依赖对环保行为有直接影响。结合前人研究成果，本书提出以下研究假设：

H10：居民地方依恋对保护旅游地环境行为（含日常环保行为与景区生态关注二维度）有直接正向影响。

地方代表是根据人类动因（human agency）组织的一种认知、情感和行为的影响（Canter，1991）。有些社会学家认为，一些与地方相关的结构可以视为态度。在许多行为研究文献中，态度是影响行为的起始变量，并且地方可以培养认同和责任感（Ajzen et al.，1980；Walker et al.，2003；Hernández et al.，2010；Ramkissoon et al.，2012）。本书提出以下假设：

H11：居民地方依恋对环保道德规范有直接正向影响。

游客在旅游地经历的任何事情都可以称之为体验，个体通过处理旅游体验外部信息形成自己的信念和判断——认知（cognitive），而作为旅游体验的重要组成部分，对目的地情感（affective）的形成则基于个体假设感情（feeling），并且个体的情感受其对事件的评价和解释影响（Decrop，1999；Lazarus，1991）。认知和情感是解释个体决策和行为过程的重要因素（Decrop，1999），同时情感又受认知影响。Cognitive-affective 模型在学术界已经得到广泛的实证验证，Oliver 和 Westbrook（1993）认为在消费背景下，顾客情感源于对产品的信念和评价；大量学者研究认为情感受到不确认（disconfirmation；Martínez Caro et al.，2007；del Bosque et al.，2008）、感知质量（perceived quality；de Rojas et al.，2008）、感知价值（perceived values；Han et al.，2011）等认知因素影响；Yuksel 等（2010）研究证明，游客对目的地的认知忠诚显著影响情感忠诚。由于旅行期间游客与目的地资源产生多种交互作用并由此产生一系列的想法、信念、知识、态度和价值观，从而可能会引发游客对旅游地生态环境保护产生积极的情感。基于前人研究成果，本书提出以下假设：

H12（a）：游客文化景观体验认知对游客环保情感有积极影响。

H12（b）：游客自然景观体验认知对游客环保情感有积极影响。

认知理论被广泛用于人类行为研究。Cyr 等（2009）对网络用户的电子忠诚度进行研究，发现被调查者对网络的效率、效用认知水平越高，越忠诚于网络使用。Geffen 和 Straub（2003）认为顾客对电子服务有用性认知正面影响其购买意愿。感知行为控制（perceived behavioral control）是指个体对执行某种行为难易程度的认知，其对个体行为意愿有着显著正面影响（Ajzen，1991），López-Mosquera 和 Sánchez（2012）对西班牙郊区公园 194 名游客进行调查研究，证实感知行为控制影响游客经济环保行为；Han 等（2010）运用结构方程模型，证实感知行为控制对游客选择留宿绿色酒店行为意愿有着显著影响。行为地理学和环境心理学一致认为，人对环境的感知和评价是人们实施环境行为的前提和基础，因为人们是在环境知觉的基础上进行判断和选择，进而做出行为决策（唐文跃，2011）。基于以上研究成果，本书提出以下研究假设：

H13（a）：文化景观体验认知对游客保守环保行为及行为意愿有积极影响。

H13（b）：文化景观体验认知对游客激进环保行为及行为意愿有积极影响。

H14（a）：自然景观体验认知对游客保守环保行为及行为意愿有积极影响。

H14（b）：自然景观体验认知对游客激进环保行为及行为意愿有积极影响。

情感对人们应对环境问题的作用受到越来越多的关注（Harth et al.，2013）。Harth，Leach 和 Kessler（2013）研究比较了情感的骄傲、内疚和气愤三种维度对环保意愿的影响。研究结果发现，内疚能够预测修复损坏的意愿，气愤可以预测惩罚非法者的意愿，骄傲可以预测参与环境保护的意愿。Ferguson 和 Branscombe（2010）认为集体罪恶感在共同影响全球变暖的信念与实施减缓措施的意愿之间起调节作用。当全球变暖的信念增强集体罪恶感时，节省能源与交纳环保税的意愿也增强。其他集体情感，如骄傲、高兴在特定背景下也能激发环保行为。Homburg 和 Stolberg（2006）研究发现群体管理环境能力的积极感知比消极感知更能引发环保行为。个人情感对环保行为或者行为意愿也起到重要作用，如 Kaiser 等（2008）利用四个不同文化群体（高水平个人主义与低水平个人主义，英语语言与西班牙语言）的横断面调查数据验证了拓展版的计划行为理论，结果发现从个人角度几乎无法区分期望的罪恶感和尴尬，并且两者均能增加计划行为理论对环保行为的解释力。Ferguson 和 Branscombe（2010）认为个人焦虑对避免与预防令人害怕的后果均有影响，如果焦虑的强度相对较低，那么预防的可能性更大一些。贺爱忠等（2013）认为零售企业绿色情感对企业绿色行为有显著影响。游客通过旅游活动对目的地产生的依恋情感会激发其实施保护环境行为（周玲强 等，2014）。本书尝试探索情感与环保行为的普遍关系，因此提出以下研究假设：

H15（a）环保情感对保守环保行为及行为意愿有正向影响。

H15（b）环保情感对激进环保行为及行为意愿有正向影响。

3.6　模型构建

3.6.1　居民组概念模型及模型函数

居民组共 2 个模型，第一个模型使用南岭居民数据，采用多元回归分析方法；第二个模型使用九寨沟、青城山-都江堰居民数据，采用结构方程模型研究方法。依据社会交换理论，根据研究假设 H2 构建居民生计资本变化认知驱动保护旅游地环境行为回归模型。

$$f(x_1, x_2, x_3, x_4, x_5, x_6) = b_0 + b_1x_1 + b_2x_2 + b_3x_3 + b_4x_4 + b_5x_5 + b_6x_6 \tag{3.3}$$

其中，$f(x_1, x_2, x_3, x_4, x_5, x_6)$ 是因变量居民保护旅游地环境行为。x_1 是社会资本变化认知，x_2 是文化资本变化认知，x_3 是金融资本变化认知，x_4 是人力资本变化认知，x_5 是物资资本变化认知，x_6 是自然资本变化认知。b_0 是常数，

b_1、b_2、b_3、b_4、b_5、b_6 是回归系数。

根据 NAM 模型、VBN 理论和地方依恋理论提出的研究假设，居民组数据共构建 2 个概念模型。联立研究假设 H2、H3（a）、H4、H5、H6、H7、H10 和 H11，构建居民价值观、灾害后果认知和地方依恋驱动保护旅游地环境行为及行为意愿概念模型（图 3-9）：

$$\eta_{RCB} = \beta_{EN\to RCB}\eta_{EN} + \gamma_{PA\to RCB}\xi_{PA} + \zeta_{RCB} \tag{3.4}$$

$$\eta_{EN} = \beta_{CDC\to EN}\eta_{CDC} + \beta_{EW\to EN}\eta_{EW} + \gamma_{PA\to EN}\xi_{PA} + \zeta_{EN} \tag{3.5}$$

$$\eta_{CDC} = \beta_{EW\to CDC}\eta_{EW} + \zeta_{CDC} \tag{3.6}$$

$$\eta_{EW} = \gamma_{AV\to EW}\xi_{AV} + \gamma_{EV\to EW}\xi_{EV} + \zeta_{EW} \tag{3.7}$$

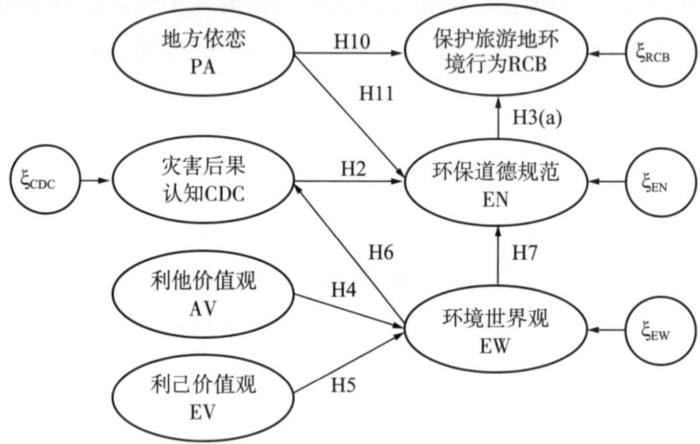

图 3-9　地方依恋嵌入下灾害后果认知驱动居民保护旅游地环境行为及行为意愿概念模型

3.6.2　游客组概念模型及模型函数

根据 VBN 理论、认知—情感—行为理论提出的研究假设，游客组数据共构建 2 个概念模型。联立研究假设 H3（b）、H3（c）、H4（a）、H4（b）、H7（a）、H7（b）、H8（a）、H8（b）、H9（a）和 H9（b），构建游客价值观为基础的保护旅游地环境行为及行为意愿概念模型（图 3-11）：

$$\eta_{TCB-A} = \beta_{EN\to TCB-A}\eta_{EN} + \gamma_{AV\to TCB-A}\xi_{AV} + \gamma_{EV\to TCB-A}\xi_{EV} + \zeta_{TCB-A} \tag{3.8}$$

$$\eta_{TCB-G} = \beta_{EN\to TCB-G}\eta_{EN} + \gamma_{AV\to TCB-G}\xi_{AV} + \gamma_{EV\to TCB-G}\xi_{EV} + \zeta_{TCB-G} \tag{3.9}$$

$$\eta_{EW-HN} = \gamma_{AV\to EW-HN}\xi_{AV} + \gamma_{EV\to EW-HN}\xi_{EV} + \zeta_{EW-HN} \tag{3.10}$$

$$\eta_{EW-NA} = \gamma_{AV\to EW-NA}\xi_{AV+\gamma EV\to EW-NA}\xi_{EV} + \zeta_{EW-NA} \tag{3.11}$$

$$\eta_{EN} = \beta_{EW-HN\to EN}\eta_{EW-HN} + \beta_{EW-HN\to EN}\eta_{EW-HN} + \zeta_{EN} \tag{3.12}$$

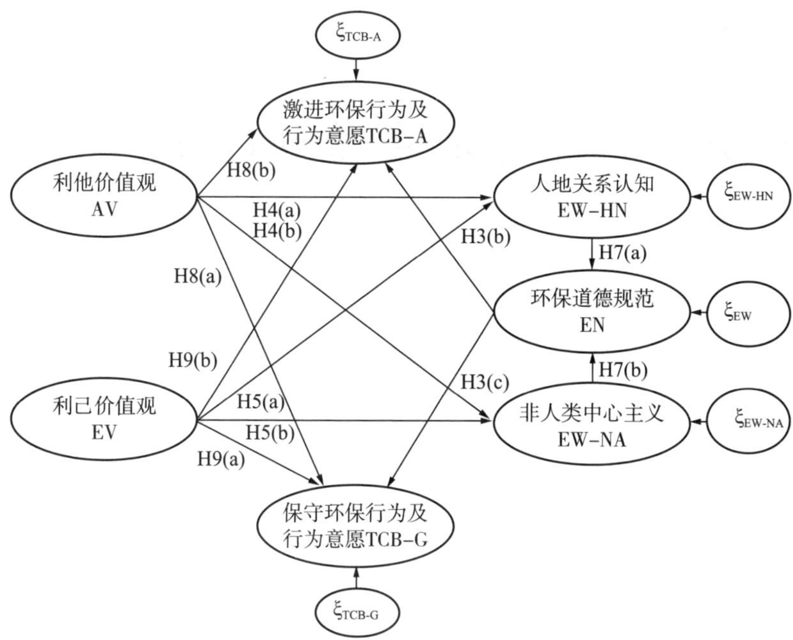

图 3-10　游客价值观驱动保护旅游地环境行为及行为意愿概念模型

联立研究假设 H12（a）、H12（b）、H13（a）、H13（b）、H14（a）、H14（b）、H15（a）和 H15（b），构建游客景观体验认知对保护旅游地环境行为及行为意愿影响概念模型（图 3-13）：

$$\eta_{TCB-A} = \beta_{EA \to TCB-A}\eta_{EA} + \gamma_{CE-C \to TCB-A}\xi_{CE-C} + \gamma_{CE-N \to TCB-A}\xi_{CE-N} + \zeta_{TCB-A} \quad (3.13)$$

$$\eta_{TCB-G} = \beta_{EA \to TCB-G}\eta_{EA} + \gamma_{CE-C \to TCB-G}\xi_{CEC} + \gamma_{CEN \to TCB-A}\xi_{CE-N} + \zeta_{TCB-G} \quad (3.14)$$

$$\eta_{EA} = \gamma_{CE-C \to EA}\xi_{CE-C} + \gamma_{CE-N \to EA}\xi_{CE-N} + \zeta_{EA} \quad (3.15)$$

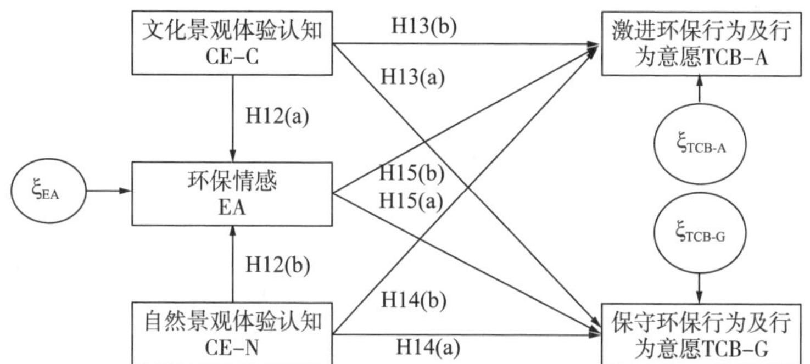

图 3-11　游客景观体验认知对保护旅游地环境行为及行为意愿影响概念模型

第 4 章　居民保护旅游地环境行为研究

本章首先采用析因设计方差分析方法研究地理区位（文化背景）与人口统计变量交互作用，是否对居民各种环保行为有影响（以青城山-都江堰、九寨沟为案例）；其次研究保护与发展博弈下居民生计与保护旅游地环境行为关系（以广东南岭为案例）；最后对地方依恋嵌入下不同文化群体（道教文化背景与藏传佛教文化背景）保护旅游地环境行为驱动路径进行比较分析（以青城山-都江堰、九寨沟为案例）。

4.1　居民人口统计变量与文化背景交互作用分析

4.1.1　居民人口统计变量频率分析

青城山-都江堰受访居民男女比例较为平衡，而九寨沟女性显著多于男性（表 4-1）；年龄段主要集中于 17～45 岁；文化水平以初中和高中、中专为主，九寨沟受访居民中大学及以上文凭显著多于青城山-都江堰，主要是因为受访的诺日朗服务中心工作人员多数具有大学学历；青城山-都江堰与九寨沟受访居民个人月收入主要在 1001～2500 元。

表 4-1　居民人口统计变量频率表（$N_{居民}=642$）

变量		青城山-都江堰	九寨沟
性别	男	43.8%	37.0%
	女	56.2%	63.0%
年龄（岁）	<17	6.3%	4.4%
	17～25	27.8%	37.7%
	26～35	22.2%	29.6%
	36～45	23.1%	23.3%
	46～55	13.4%	5.0%
	>55	7.2%	0.0%

续　表

变量		青城山-都江堰	九寨沟
学历	小学及以下	6.2%	8.7%
	初中	34.0%	34.3%
	高中及中专	41.5%	30.9%
	大学及以上	18.1%	26.2%
个人月收入（元）	<1001	20.0%	12.0%
	1001～2500	50.0%	66.7%
	2501～4000	17.7%	12.0%
	4001～6500	6.7%	6.0%
	6501～10000	2.7%	2.7%
	>10000	3.0%	0.7%

4.1.2　文化背景（旅游地）与居民人口统计变量交互作用分析

按照文化背景将青城山、都江堰、九寨沟居民数据分成两组，即以道教文化为背景的青城山-都江堰景区居民样本和以藏传佛教文化为背景的九寨沟景区居民样本。本书利用析因实验设计分析旅游地（文化背景）与人口统计变量对日常环保行为、景区生态关注和积极环保行为意愿是否存在交互作用。

分别以旅游地-性别、旅游地-学历为自变量，以日常环保行为、景区生态关注和积极环保行为意愿为因变量进行多因素析因设计方差分析，发现旅游地-性别、旅游地-学历对日常环保行为、景区生态关注和积极环保行为意愿均无显著交互作用（表 4-2）。旅游地-年龄对居民日常环保行为有交互作用（$p=0.072$），但对景区生态关注和积极环保行为意愿无交互作用（表 4-2）；旅游地-个人月收入对居民日常环保行为（$p=0.006$）和景区生态关注（$p=0.003$）有交互作用，但对积极环保行为意愿无交互作用。进一步成对比较发现，26～35 岁和 36～45 岁两个年龄段青城山-都江堰居民日常环保行为显著低于九寨沟居民，其他年龄段两地无显著差异；除小于 1001 元和 1001～2500 元这两个月收入水平段两地居民日常环保行为无显著性差异外，其余收入段都江堰-青城山居民日常环保行为水平均显著小于九寨沟居民；月收入水平在 2501～4000 元、4001～6500 元和 6501～10000 元三个阶段的青城山-都江堰居民景区生态关注显著低于九寨沟居民，其他收入阶段两地无显著差异（表 4-3）。

表 4-2 旅游地与居民人口统计变量交互作用主体间效应检验（$N_{居民}=642$）

因变量	均方	*F*	*p*	因变量	均方	*F*	*p*
自变量：旅游地-性别				自变量：旅游地-年龄			
日常环保行为	0. 014	0. 046	0. 830	日常环保行为	0. 634	2. 157	0. 072*
景区生态关注	0. 001	0. 002	0. 964	景区生态关注	0. 415	0. 860	0. 488
积极环保行为意愿	0. 391	0. 568	0. 451	积极环保行为意愿	0. 954	1. 456	0. 214
自变量：旅游地-学历				自变量：旅游地-个人月收入			
日常环保行为	0. 227	0. 742	0. 527	日常环保行为	0. 624	3. 324	0. 006***
景区生态关注	0. 082	0. 172	0. 916	景区生态关注	1. 518	3. 673	0. 003***
积极环保行为意愿	0. 423	0. 648	0. 585	积极环保行为意愿	0. 511	0. 752	0. 585

注：*** $p<0.010$，** $p<0.050$，* $p<0.100$

表 4-3 旅游地与居民人口统计变量交互作用成对比较（$N_{居民}=642$）

因变量		（I）旅游地	（J）旅游地	均值差（I-J）	标准误	*p*
自变量：旅游地-年龄						
日常环保行为	<17	青城山-都江堰	九寨沟	−0. 224	0. 189	0. 237
	17～25	青城山-都江堰	九寨沟	−0. 067	0. 076	0. 374
	26～35	青城山-都江堰	九寨沟	−0. 171**	0. 085	0. 046
	36～45	青城山-都江堰	九寨沟	−0. 347***	0. 089	0. 000
	46～55	青城山-都江堰	九寨沟	0. 096	0. 159	0. 546
	>55	青城山-都江堰	九寨沟	0. 081	0. 131	0. 276
自变量：旅游地-个人月收入						
日常环保行为	<1001	青城山-都江堰	九寨沟	−0. 033	0. 117	0. 775
	1001～2500	青城山-都江堰	九寨沟	−0. 059	0. 060	0. 320
	2501～4000	青城山-都江堰	九寨沟	−0. 225*	0. 119	0. 060
	4001～6500	青城山-都江堰	九寨沟	−0. 470***	0. 180	0. 009
	6501～10000	青城山-都江堰	九寨沟	−0. 458*	0. 276	0. 098
	>10000	青城山-都江堰	九寨沟	−0. 815*	0. 432	0. 060

续　表

因变量		(I) 旅游地	(J) 旅游地	均值差 (I-J)	标准误	p
景区生态关注	<1001	青城山-都江堰	九寨沟	0.122	0.142	0.392
	1001~2500	青城山-都江堰	九寨沟	0.027	0.073	0.710
	2501~4000	青城山-都江堰	九寨沟	−0.298**	0.146	0.042
	4001~6500	青城山-都江堰	九寨沟	−0.678***	0.220	0.002
	6501~10000	青城山-都江堰	九寨沟	−0.648*	0.338	0.056
	>10000	青城山-都江堰	九寨沟	−0.074	0.528	0.889

注：*** $p<0.010$，** $p<0.050$，* $p<0.100$

4.2　保护与发展博弈下居民生计与保护旅游地环境行为关系研究

4.2.1　旅游地居民生计方式

生计方式是指为了实现生计目标或追求积极的生计产出，居民对自身所拥有的生计资产进行组合和使用的方式。本书根据居民职业将其生计方式分为务农、旅游参与和其他三种类型（表 4-4）。

表 4-4　居民生计方式分类

生计方式	描述	职业
务农（N=126）	生活主要依赖种植作物、饲养家畜和政府补贴	农民
旅游参与（N=84）	50%以上的家庭收入来自旅游相关活动	民宿店主
		酒店服务员
		小商贩
		土特产经营者
		农家乐老板

续 表

生计方式	描述	职业
其他（N=104）	主要家庭收入既不依靠农业也不依靠旅游业	保护区工人
		林场工人
		管理局工作人员
		小水电站工人
		退休工人
		务工人员

4. 2. 2 不同群体生计资本变化比较

本研究采用主观认知量表测量居民生计资本变化情况。务农群体自然资本、物质资本、人力资本、社会资本、金融资本和文化资本变化认知水平分别为 2. 98、3. 23、3. 25、3. 32、2. 49 和 4. 30；旅游参与群体相应生计资本变化认知水平分别为 2. 81、3. 19、3. 26、3. 21、3. 03 和 4. 15；其他生计方式群体相应生计资本变化认知水平分别为 2. 86、3. 37、3. 29、3. 36、2. 95 和 4. 27。务农群体金融资本变化认知显著低于旅游参与和其他生计方式（表 4-5），换言之，仅从收入角度考虑非农生计方式可以有效提高地方居民生活水平。其他生计方式群体物质资本变化认知显著高于务农和旅游参与两个群体，说明此类群体的生活条件（如住房等）得到较大改善。其他生计资本变化认知在三个群体中无显著差异。因此，生计多样化是自然保护区型旅游地社会经济发展与减贫的重要策略。

表 4-5 不同生计方式群体生计资本变化认知差异分析（N=314）

变量	生计方式		均值差异（I-J）	p
	I	J		
金融资本变化认知	务农	旅游参与	−0. 54	0. 000***
	务农	其他	−0. 47	0. 000***
	旅游参与	其他	0. 58	0. 595
社会资本变化认知	务农	旅游参与	0. 11	0. 300
	务农	其他	−0. 04	0. 807
	旅游参与	其他	−0. 15	0. 253

续　表

变量	生计方式		均值差异（I-J）	p
	I	J		
人力资本变化认知	务农	旅游参与	−0. 01	1. 000
	务农	其他	−0. 04	0. 712
	旅游参与	其他	−0. 04	0. 661
自然资本变化认知	务农	旅游参与	0. 17	0. 251
	务农	其他	0. 12	0. 418
	旅游参与	其他	−0. 05	0. 699
物质资本变化认知	务农	旅游参与	−0. 23	0. 151
	务农	其他	−0. 41	0. 001***
	旅游参与	其他	−0. 17	0. 065*
文化资本变化认知	务农	旅游参与	0. 15	0. 169
	务农	其他	0. 03	0. 126
	旅游参与	其他	−0. 12	0. 880

注：*** < 0. 001， ** < 0. 01， * < 0. 1

4. 2. 3　不同生计方式群体保护旅游地环境行为比较

三个群体保护旅游地环境行为具有显著差异（表 4-6）。务农群体保守环保行为实施水平显著低于其他生计方式群体，同时务农群体激进环保行为显著也低于旅游参与和其他生计方式群体。旅游参与群体实施激进环保行为的水平显著低于其他生计方式群体。由此可知，就环境保护而言，在保护区型旅游地务农并不是最好的生计方式。建议采取鼓励居民参与乡村旅游、提供保护区工作岗位等措施，促进生计方式非农转化，以促进保护区型旅游地生态保护。

表 4-6　不同生计方式群体保护旅游地环境行为比较（N=314）

变量	生计方式		均值差异（I-J）	p
	I	J		
保守环保行为	务农	旅游参与	−0. 12	0. 163
	务农	其他	−0. 23	0. 003**
	旅游参与	其他	−0. 11	0. 211

续　表

变量	生计方式		均值差异（I-J）	*p*
	I	J		
激进环保行为	务农	旅游参与	−0.28	0.004**
	务农	其他	−0.48	0.000***
	旅游参与	其他	−0.20	0.044*

注：*** < 0.001，** < 0.01，* < 0.1

4.2.4 不同生计方式群体生计资本变化认知与保护旅游地环境行为关系比较

基于社会交换理论，结合生计资本变化认知与保护旅游地环境行为，分析其因果关系，从保守环保行为分析来看，社会资本、自然资本、文化资本变化认知对务农群体保守环保行为具有显著影响，值得关注的是自然资本变化认知对保守环保行为有负向影响；对于旅游参与群体，仅有社会资本变化认知对保守环保行为有显著影响；金融资本、社会资本和文化资本变化认知对其他生计方式群体保守环保行为具有显著的正效应；人力资本和物质资本变化认知对三个群体的保守环保行为均无显著影响。从激进环保行为分析来看，社会资本、人力资本、物质资本和文化资本变化认知对务农群体激进环保行为有显著的正向影响；物质资本和文化资本对旅游参与群体有正向影响，而金融资本变化认知对激进环保行为有负面影响；金融资本、社会资本和文化资本变化认知对其他生计方式群体激进环保行为有正效应（表4-7）。

表4-7　不同生计方式群体保护旅游地环境行为回归分析（N=314）

自变量	因变量					
	保守环保行为			激进环保行为		
生计资本变化认知	务农	旅游参与	其他	务农	旅游参与	其他
社会资本	0.41***	0.38***	0.32***	0.19***	0.04	0.22**
文化资本	0.34***	0.15	0.52***	0.12	0.23**	0.29***
金融资本	−0.09	0.12	0.14*	0.02	−0.37*	0.20*
人力资本	0.00	0.17	0.04	0.19**	0.09	−0.04
物质资本	−0.09	0.16	−0.11	0.21**	0.71***	−0.04

续　表

自变量	因变量					
	保守环保行为			激进环保行为		
自然资本	−0.16*	0.11	−0.09	−0.11	0.003	−0.08
sig.	0.00	0.00	0.00	0.00	0.000	0.00
Adjusted R^2	0.25	0.42	0.45	0.13	0.38	0.18
Durbin-Watson	1.96	2.32	1.61	2.10	2.30	2.26
总影响	0.59	0.38	0.98	0.59	0.57	0.71

注：*** < 0.001，** < 0.01，* < 0.1

务农群体生计资本变化认知对保守环保行为的总影响为 0.59（$\beta_{社会资本\to保守环保行为}+\beta_{文化资本\to保守环保行为}+\beta_{自然资本\to保守环保行为}$），旅游参与群体生计资本变化认知对保守环保行为的总影响为 0.38（$\beta_{社会资本\to保守环保行为}$），其他群体生计资本变化认知对保守环保行为的总影响为 0.98（$\beta_{社会资本\to保守环保行为}+\beta_{文化资本\to保守环保行为}+\beta_{金融资本\to保守环保行为}$）。务农群体生计资本变化认知对激进环保行为的总影响为 0.59（$\beta_{社会资本\to激进环保行为}+\beta_{人力资本\to激进环保行为}+\beta_{物质资本\to激进环保行为}$），旅游参与群体生计资本变化认知对激进环保行为的总影响为 0.57（$\beta_{社会资本\to激进环保行为}+\beta_{金融资本\to激进环保行为}+\beta_{物质资本\to激进环保行为}$），其他群体生计资本变化认知对激进环保行为的总影响为 0.71（$\beta_{社会资本\to激进环保行为}+\beta_{文化资本\to激进环保行为}+\beta_{金融资本\to激进环保行为}$）。

4.3　地方依恋嵌入下自然灾害驱动居民保护旅游地环境行为机制与不同文化群体比较分析

4.3.1　地方依恋嵌入下居民灾害后果认知驱动保护旅游地环境行为基准模型检验

本部分有两个研究目的：一，验证联立 VBN 理论和地方依恋理论是否可以建立更综合的理论模型，即地方依恋嵌入下基于 VBN 理论的灾害后果认知驱动居民环境行为模型是否建立；二，比较分析不同地方文化群体价值观、灾害后果认知与地方依恋对保护旅游地环境行为驱动机制是否相同，以及影响强度差异。为了实现上述研究目的，需要寻找一个对青城山-都江堰与九寨沟样本均适用的模型。首先要分析该模型的形式在各组是否相同，包括因子个数、题项与因子的从属关系。模型形式相同是指不同样本组数据用同一个模型拟合时，总的拟合指数良好，也就是说每个组都可以用同一模型去描述，该模型被称为基准模型（武淑琴 等，2011）。本书使用 AMOS17.0 软件进行结构方程模型分析检验基准模型是否成立。与普通结构方程模型不同之处，在 AMOS 工作界面设置群组 1（青城山-都江堰）和群组 2（九寨沟）两个群组，不同的组别调入不同的分组数据。检验基准模型是否成立可以对模型不加任何限制，直接点击“Calculate Estimates”即可。模型总拟合指数见表 4-8，虽然模型未达到显著性水平，但是 x^2/df、RMR、RMSEA、PGFI、PNFI、PCFI 值均达到标准，因此认为本书提出的概念模型与两组数据拟合均较好，也就是说青城山-都江堰与九寨沟两个群组可用一个模型描述。

表 4-8　地方依恋嵌入下居民灾害后果认知驱动保护旅游地环境行为基准模型拟合指数（$N_{居民}=642$）

适配度	标准		基准模型
绝对适配度	x^2值	p>0.050	0.000
	RMR	<0.050	0.05
	RMSEA	<0.080	0.049
	NFI	>0.900	0.715
增值适配度	RFI	>0.090	0.75
	IFI	>0.900	0.805
	TLI	>0.900	0.778
	CFI	>0.900	0.841
简约适配度	PGFI	>0.500	0.702
	PNFI	>0.500	0.661
	PCFI	>0.500	0.742
	x^2/df	<5.000	2.630

4.3.2　地方依恋嵌入下居民灾害后果认知驱动保护旅游地环境行为模型假设检验

在九寨沟与青城山-都江堰两组模型中（图 4-1，表 4-9），灾害后果认知与个人规范显著正相关（t=5.567），居民感知灾害对生活和景区环境造成的影响越强烈，其实施环保行为的责任感就越强，假设 H2 成立。个人规范对保护旅游地环境行为有着显著的正向影响（$t=7.588$），说明居民个人规范产生的环境责任感越强，对其实施保护旅游地生态环境行为的影响就越大，假设 H3（a）成立。利他价值观与环境世界观有显著正相关关系（$t=7.285$），说明居民利他主义价值观越强，越能正确认识人地关系，假设 H4 成立。利己价值观对环境世界观也有正向影响（$t=3.115$），假设 H5 成立。居民环境世界观对灾害后果认知有显著正面影响（$t=5.325$），H6 成立。正确的环境世界观能够有效激发个人环保规范（$t=4.788$），假设 H7 成立。居民地方感越强，越愿意实施环保行为、保护旅游地生态环境（$t=6.177$），假设 H10 成立。地方依恋对个人规范有正面影响（$t=6.368$），从而对保护旅游地环境行为起间接作用，假设 H11 成立。

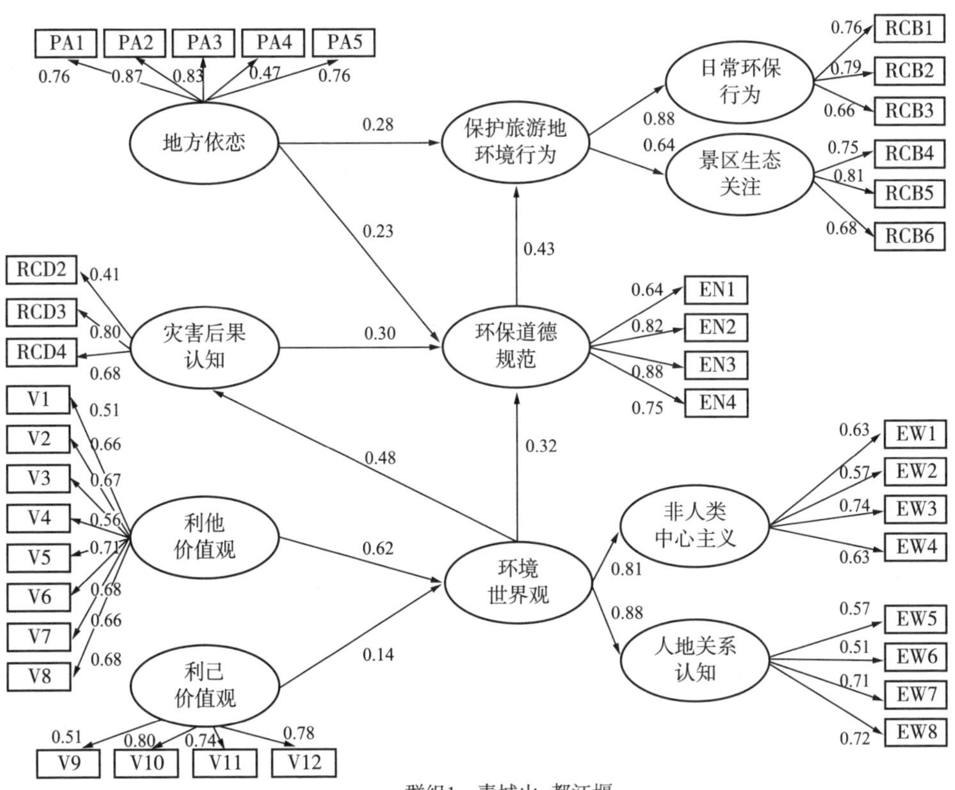

群组1：青城山-都江堰

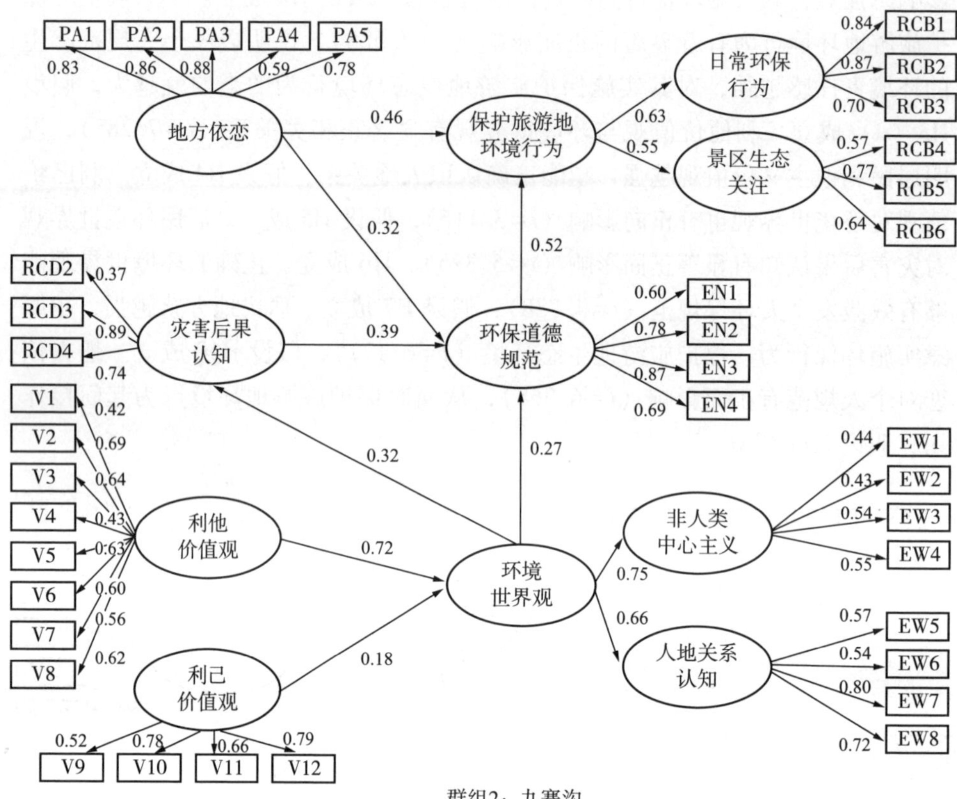

图 4-1　地方依恋嵌入下居民灾害后果认知驱动保护旅游地环境行为标准化结构方程模型
（$N_{青城山-都江堰居民}=322$，$N_{九寨沟居民}=320$）

表 4-9　青城山-都江堰与九寨沟模型假设检验
（$N_{青城山-都江堰居民}=322$，$N_{九寨沟居民}=320$）

	非标准化估计值	标准化估计值	C. R.（t）	路径
青城山-都江堰				
利他价值观→环境世界观	0. 869	0. 619	7. 285***	接受
利己价值观→环境世界观	0. 132	0. 141	3. 115***	接受
环境世界观→灾害后果认知	0. 327	0. 481	5. 325***	接受
环境世界观→环保道德规范	0. 254	0. 317	4. 788***	接受
灾害后果认知→环保道德规范	0. 359	0. 304	5. 567***	接受

续 表

	非标准化估计值	标准化估计值	C. R. (t)	路径
地方感→环保道德规范	0. 179	0. 234	6. 368***	接受
环保道德规范→保护旅游地环境行为	0. 454	0. 433	7. 588***	接受
地方感→保护旅游地环境行为	0. 226	0. 281	6. 177***	接受
九寨沟				
利他价值观→环境世界观	0. 869	0. 724	7. 285***	接受
利己价值观→环境世界观	0. 132	0. 185	3. 115***	接受
环境世界观→灾害后果认知	0. 327	0. 322	5. 325***	接受
环境世界观→环保道德规范	0. 254	0. 273	4. 788***	接受
灾害后果认知→环保道德规范	0. 359	0. 391	5. 567***	接受
地方感→环保道德规范	0. 179	0. 316	6. 368***	接受
环保道德规范→保护旅游地环境行为	0. 454	0. 522	7. 588***	接受
地方感→保护旅游地环境行为	0. 226	0. 458	6. 177***	接受

注：*** $p<0.001$

4. 3. 3 地方依恋嵌入下不同文化背景居民灾害后果认知驱动保护旅游地环境行为结构方程模型比较分析

1. 测量模型对比分析

如图 4-1 所示，青城山-都江堰居民利他价值观主要表现在“世界和平很重要”“平等很重要”和“乐于助人很重要”，利己价值观主要表现在“个人权威在生活中很重要”和“社会权力在生活中很重要”；九寨沟居民利他价值观主要表现在“我们要尊重自然万物”“自然界是美丽的”和“世界和平很重要”，利己价值观主要表现在对个人权威和社会权力的重视。青城山-都江堰与九寨沟居民对灾害的后果认知主要是“自然灾害会造成旅游地景观和环境破坏”和“这里发生自然灾害会影响我的生活”。青城山-都江堰和九寨沟居民环保道德规范均主要表现在“我有责任保护这里的环境”和“我有责任遵守这里的环境法规”。青城山-都江堰二阶因子“环境世界观”的两个一阶因子载荷都高于九寨沟。在青城山-都江堰环境世界观因素模型中“非人类中心主义”因子载荷高于“人地关系认知”；在九寨沟环境世界观因素模型中“人地关系认知”因素载荷高于“非人类中心主义”。青城山-都江堰与九寨沟居民地方依恋均主要表现在“我愿意长久生活在这里”和“我对这里有很深的感情”。青城山-都江堰二阶因子“保护旅游地环境行为”的两个一阶因子载荷都高于九寨沟。

2. 不同文化群体居民保护旅游地环境行为及其影响因素差异分析

青城山-都江堰居民样本数量为322、九寨沟为320；除利己价值观外其余因子均值均达到高度赞成水平（一般认为小于2.5为不赞成，2.5~3.6为中间态度，大于3.6为赞成）；两个案例地所有因子均值标准误均很小（表4-10）。

表4-10 居民保护旅游地环境行为及其影响因素均值与标准差

（$N_{青城山-都江堰居民}=322$，$N_{九寨沟居民}=320$）

因子	案例地	样本数	均值	标准差	均值标准误
灾害后果认知	青城山-都江堰	322	4.227	0.710	0.040
	九寨沟	320	4.065	0.799	0.045
利他价值观	青城山-都江堰	322	4.526	0.431	0.024
	九寨沟	320	4.574	0.413	0.023
利己价值观	青城山-都江堰	322	3.645	0.851	0.047
	九寨沟	320	3.407	0.875	0.049
地方感	青城山-都江堰	322	4.328	0.566	0.032
	九寨沟	320	4.340	0.662	0.037
环保道德规范	青城山-都江堰	322	4.346	0.513	0.029
	九寨沟	320	4.479	0.458	0.026
环境世界观	青城山-都江堰	322	3.830	0.551	0.037
	九寨沟	320	3.762	0.535	0.030
人地关系认知	青城山-都江堰	322	4.084	0.720	0.041
	九寨沟	320	3.996	0.693	0.038
非人类中心主义	青城山-都江堰	322	3.972	0.678	0.028
	九寨沟	320	3.951	0.680	0.038
日常环保行为	青城山-都江堰	322	4.248	0.560	0.031
	九寨沟	320	4.364	0.546	0.031

续 表

因子	案例地	样本数	均值	标准差	均值标准误
景区生态关注	青城山-都江堰	322	3.766	0.737	0.041
	九寨沟	320	3.807	0.664	0.037
保护旅游地环境行为	青城山-都江堰	322	4.007	0.559	0.031
	九寨沟	320	4.086	0.482	0.027

为分析青城山-都江堰与九寨沟居民灾害后果认知、价值观、地方依恋、环保道德规范、环境世界观和保护旅游地环境行为是否存在差异性，研究采取独立样本进行 T 检验分析。如表 4-11 所示，青城山-都江堰居民灾害后果认知水平显著高于九寨沟，这与 2008 年 5 月 12 日中国四川省阿坝州汶川县发生 8.0 级特大地震对周边地区造成的实际灾害情况相吻合（居民对“5・12”汶川地震记忆最深刻，调查时提及灾害居民会问“你是指汶川大地震吗?”）。青城山-都江堰居民利他价值观、环境世界观和保护旅游地环境行为因子均值与九寨沟居民没有显著差异，说明在中华文化背景下两个地域文化群体的文化价值观、人与自然环境关系的认知以及保护旅游地环境的实际行动是相似的。同时两地居民人地关系认知、非人类中心主义、景区生态关注和保护旅游地环境行为因子均值均无显著性差异。由于九寨沟地处山区交通不便，居民多在景区及周边从事旅游相关工作谋生，对地方资源与环境的依靠程度比较高，因此九寨沟居民地方依恋水平显著高于青城山-都江堰居民。青城山-都江堰居民利己价值观、环保道德规范与日常环保行为因子均值显著小于九寨沟，说明受地方文化差异性影响，藏传佛教文化影响下藏区居民个人道德规范以及日常生活方式更倾向于环保主义。

表 4-11 不同文化群体居民保护旅游地环境行为及其影响因素均值差异性检验

（$N_{青城山-都江堰居民}=322$，$N_{九寨沟居民}=320$）

因子		方差方程的 Levene 检验		均值方程的 *t* 检验		
		F	Sig.	Sig.（双侧）	均值差值	标准误差值
灾害后果认知	假设方差相等	0.007	0.933	0.007	0.162***	0.060
	假设方差不相等	—	—	0.007	0.162	0.060
利他价值观	假设方差相等	1.050	0.306	0.145	−0.049	0.033
	假设方差不相等	—	—	0.145	−0.049	0.033

续 表

因子		方差方程的 Levene 检验		均值方程的 t 检验		
		F	Sig.	Sig.（双侧）	均值差值	标准误差值
利己价值观	假设方差相等	0.015	0.904	0.001	0.237***	0.068
	假设方差不相等	—	—	0.001	0.237	0.068
地方依恋	假设方差相等	4.362	0.037	0.801	-0.012	0.049
	假设方差不相等	—	—	0.801	-0.012***	0.049
环保道德规范	假设方差相等	1.097	0.295	0.001	-1.323***	0.038
	假设方差不相等	—	—	0.001	-1.323	0.038
环境世界观	假设方差相等	0.086	0.770	0.260	0.048	0.043
	假设方差不相等	—	—	0.260	0.048	0.043
人地关系认知	假设方差相等	0.133	0.715	0.112	0.089	0.056
	假设方差不相等	—	—	0.112	0.089	0.056
非人类中心主义	假设方差相等	0.696	0.404	0.689	0.021	0.054
	假设方差不相等	—	—	0.689	0.021	0.054
日常环保行为	假设方差相等	1.727	0.189	0.008	-0.116***	0.044
	假设方差不相等	—	—	0.008	-0.116	0.044
景区生态关注	假设方差相等	2.499	0.114	0.461	-0.041	0.055
	假设方差不相等	—	—	0.461	-0.041	0.055
保护旅游地环境行为	假设方差相等	3.354	0.067	0.058	-0.078	0.041
	假设方差不相等	—	—	0.057	-0.078	0.041

注：*** $p<0.001$

3. 地方依恋嵌入下不同文化背景居民灾害后果认知驱动保护旅游地环境行为结构模型比较分析

青城山-都江堰居民样本模型中除路径“环境世界观→环保道德规范”和“环境世界观→灾害后果认知”作用强度高于九寨沟外，其余相应路径系数九寨沟居民样本均高于青城山-都江堰（图 4-1）。从各因素对保护旅游地环境行为作用效果来看，只有环保道德规范和地方依恋对保护旅游地环境行为有直接影响，其余因素均为间接影响（表 4-12）。所有相应因素对居民保护旅游地环境行为影响强度均表现为九寨沟高于青城山-都江堰。在青城山-都江堰模型中，环保道德规范对保护旅游地环境行为总作用最强（0.43），其次为地方依恋（0.34）；在九寨沟模型中地方依恋对保护旅游地环境行为总作用最强（0.61），其次为环保道德规范（0.53）。

表 4-12　居民保护旅游地环境行为影响因素作用强度

（$N_{青城山-都江堰居民}=322$，$N_{九寨沟居民}=320$）

	间接影响			直接影响	
	青城山-都江堰	九寨沟		青城山-都江堰	九寨沟
利他价值观	0.13	0.16	环保道德规范	0.43	0.53
利己价值观	0.03	0.04	地方依恋	0.28	0.46
环境世界观	0.21	0.22			
灾害后果认知	0.13	0.20			
地方依恋	0.06	0.15			

从价值观、灾害后果认知和地方依恋三个因素作用效果比较来看，在两个模型中均表现出地方依恋对保护旅游地环境行为作用效果最强，其次为灾害后果认知，再次为利他价值观，最后为利己价值观（表 4-13）。在两个模型中均表现出利他价值观对保护旅游地环境行为的影响强于利己价值观；环保道德规范在两个模型中均起到非常重要的作用，各因素均可通过环保道德规范的调节作用对保护旅游地环境行为起作用。

表 4-13　地方依恋嵌入下居民灾害后果认知驱动保护旅游地环境行为模型因果链分析

因果链	作用强度
青城山-都江堰	
利他价值观→环境世界观→环保道德规范→保护旅游地环境行为	0.09
利己价值观→环境世界观→环保道德规范→保护旅游地环境行为	0.02
利他价值观→环境世界观→灾害后果认知→环保道德规范→保护旅游地环境行为	0.04
利己价值观→环境世界观→灾害后果认知→环保道德规范→保护旅游地环境行为	0.01
灾害后果认知→环保道德规范→保护旅游地环境行为	0.13
地方依恋→保护旅游地环境行为	0.28
地方依恋→环保道德规范→保护旅游地环境行为	0.10
九寨沟	

续 表

因果链	作用强度
利他价值观→环境世界观→环保道德规范→保护旅游地环境行为	0. 10
利己价值观→环境世界观→环保道德规范→保护旅游地环境行为	0. 03
利他价值观→环境世界观→灾害后果认知→环保道德规范→保护旅游地环境行为	0. 03
利己价值观→环境世界观→灾害后果认知→环保道德规范→保护旅游地环境行为	0. 01
灾害后果认知→环保道德规范→保护旅游地环境行为	0. 20
地方依恋→保护旅游地环境行为	0. 46
地方依恋→环保道德规范→保护旅游地环境行为	0. 15

第 5 章　游客保护旅游地环境行为研究

本章有三部分内容，首先对不同客源地、不同景观类型旅游地游客价值观、认知、道德规范和环境行为进行比较分析，其次研究地理因素对游客价值观驱动保护旅游地环境行为机制的影响方式，最后探讨景观环境对游客保护旅游地环境行为的驱动机制，并分析其在不同景观类型旅游地是否存在差异。本书依据地理区位、省域经济水平将客源地划分为四川省内、邻省、中西部和东部地区，按照主要景观特征将旅游地划分为自然景观为主文化景观为辅的旅游地（九寨沟）、自然景观与文化景观并重的旅游地（青城山）和文化景观为主自然景观为辅的旅游地（都江堰）。

5.1　游客个体特征地方差异分析

5.1.1　客源地与游客人口统计变量交互作用分析

1. 客源地划分

大量研究表明个人价值观、环境态度有着明显的地域差异，从而会产生不同的环境行为（Schultz et al.，2005；Oreg et al.，2006；Lee et al.，2012）。本书主要从地理区位和区域经济水平考虑，将客源地划分为：四川、邻省、中西部和东部地区（邻省包括青海、西藏、云南、贵州、重庆、陕西、甘肃；中西部包括：新疆、内蒙古、宁夏、山西、河南、湖北、湖南、广西、安徽、江西；东部包括黑龙江、吉林、辽宁、北京、天津、河北、山东、江苏、浙江、福建、广东、海南、台湾）。

2. 游客人口统计变量分析

四川、邻省、中西部和东部地区游客，男女性别比例均接近 1：1，差异不大（表 5-1）。四个客源地到访游客年龄主要集中在 18~25 岁、26~35 岁和 36~45 岁三个年龄段，出游力均为中青年。从个人月收入来看，四川、邻省和中西部游客主要集中在小于 1501 元、1501~3500 元和 3501~5000 元三个收入段，东部地区游客个人月收入则较均匀地分布在小于 1501 元、1501~3500 元、3501~5000 元和 5001~8000 元四个收入段。经单因素方差分析发现，东部地区游客个人月收入水平分别显著高于四川（$p=0.000$）、邻省（$p=0.000$）和中西部地区（$p=0.001$）。大部分四川、邻省、中西部和东部地区游客文化水平为大学学历，其中四川省游客具有大学学历的比例略低于其他三个区域，而具有高中及中专学历的游客比例略高于其他三个区域（表 5-1）。

表 5-1　游客人口统计特征频率表（$N_{游客}=1142$）

指标	百分比（%）			
	四川	邻省	中西部	东部
性别				
男	48.1	51.0	49.1	58.8
女	51.9	49.0	50.9	41.2
年龄（岁）				
<17	15.8	16.4	16.1	10.0
17~25	25.1	22.4	25.3	21.0
26~35	22.5	25.6	15.5	27.7
36~45	24.5	22.0	30.5	26.6
46~55	5.7	9.2	9.8	9.2
>55	6.5	4.4	2.9	5.5
平均月收入（元）				
<1501	37.2	36.3	33.9	28.3
1501~3500	28.6	29.4	32.2	19.3
3501~5000	20.1	22.2	18.7	22.3
5001~8000	8.9	6.0	9.4	19.0
8001~12500	2.9	4.0	3.5	4.8
>12500	2.3	2.0	2.3	6.3
文化水平				
小学及以下	5.4	3.6	2.9	4.4
初中	16.0	13.9	14.9	6.3

续　表

指标	百分比（%）			
	四川	邻省	中西部	东部
高中及中专	26. 0	17. 9	16. 6	19. 1
大学	47. 2	60. 2	60. 6	59. 6
研究生	5. 4	4. 4	5. 1	10. 6

3. 客源地与人口统计变量交互作用分析

本书利用析因实验设计分析客源地与人口统计变量对游客激进环保行为及行为意愿、保守环保行为及行为意愿是否存在交互作用。客源地-性别、客源地-学历、客源地-个人月收入、客源地-年龄分别对游客“激进环保行为及行为意愿”与“保守环保行为及行为意愿”不存在交互作用，也就是说处于人口统计变量不同水平的游客其实施保护旅游地环境的行为及行为意愿不受其所生活的地理区位影响（表 5-2）。

表 5-2　客源地与人口统计变量交互作用主体间效应检验（$N_{游客}=1142$）

因变量	均方	F	p	因变量	均方	F	p
自变量：客源地-性别				自变量：客源地-个人月收入			
激进环保行为及行为意愿	0. 448	0. 769	0. 511	激进环保行为及行为意愿	0. 309	0. 531	0. 924
保守环保行为及行为意愿	0. 437	1. 889	0. 130	保守环保行为及行为意愿	0. 107	0. 462	0. 959
自变量：客源地-学历				自变量：客源地-年龄			
激进环保行为及行为意愿	0. 741	1. 273	0. 217	激进环保行为及行为意愿	0. 338	0. 577	0. 894
保守环保行为及行为意愿	0. 311	1. 314	0. 192	保守环保行为及行为意愿	0. 238	0. 998	0. 455

注：$p<0.050$

5. 1. 2　游客价值观、认知与行为地方差异分析

1. 不同客源地游客价值观、行为比较

利用单因素方差分析方法对四个区域游客利他价值观、利己价值观、人地关系认知、非人类中心主义、环保道德规范、激进环保行为及行为意愿和保守

环保行为及行为意愿进行对比分析，结果发现四个区域各因子在 $p=0.050$ 水平均无显著性差异（表 5-3）。检验结果说明，在中国各民族大杂居、小聚居的格局下，各种文化相融合，最终儒家思想成为其主要特征，并对人们的价值观、信念、道德规范等产生影响。中华民族各个区域的居民具有相似的文化特征（价值观、信念、道德规范等），且各个区域居民保护旅游地环境的行为方式不具有显著性差异，这与“一方有难，八方支援”的中国传统思想观念一致。

表 5-3　不同区域游客环保行为与影响因素单因素方差分析结果（$N_{游客}=1142$）

因变量	Tukey HSD				
	（I）客源地	（J）客源地	均值差（I-J）	标准误	显著性
利他价值观	四川	邻省	-0.054	0.033	0.347
		中西部	-0.056	0.037	0.417
		东部	-0.038	0.032	0.633
	邻省	中西部	-0.003	0.040	1.000
		东部	0.016	0.035	0.968
	中西部	东部	0.018	0.039	0.965
利己价值观	四川	邻省	0.000	0.070	1.000
		中西部	-0.046	0.079	0.938
		东部	-0.150	0.068	0.127
	邻省	中西部	-0.046	0.085	0.950
		东部	-0.150	0.076	0.197
	中西部	东部	-0.104	0.084	0.603
人地关系认知	四川	邻省	-0.068	0.050	0.535
		中西部	-0.009	0.057	0.998
		东部	-0.076	0.049	0.417
	邻省	中西部	0.059	0.061	0.776
		东部	-0.008	0.055	0.999
	中西部	东部	-0.066	0.061	0.691

续　表

因变量	Tukey HSD				
	(I) 客源地	(J) 客源地	均值差 (I-J)	标准误	显著性
非人类中心主义	四川	邻省	-0.113	0.053	0.145
		中西部	0.005	0.060	1.000
		东部	-0.061	0.052	0.647
	邻省	中西部	0.118	0.065	0.262
		东部	0.052	0.057	0.799
	中西部	东部	-0.066	0.064	0.731
环保道德规范	四川	邻省	0.001	0.058	1.000
		中西部	-0.019	0.065	0.992
		东部	-0.058	0.057	0.742
	邻省	中西部	-0.019	0.071	0.993
		东部	-0.058	0.063	0.793
	中西部	东部	-0.039	0.070	0.945
激进环保行为及行为意愿	四川	邻省	-0.004	0.062	0.062
		中西部	-0.044	0.069	0.069
		东部	0.002	0.060	0.060
	邻省	中西部	0.040	0.075	0.952
		东部	0.006	0.067	1.000
	中西部	东部	0.046	0.074	0.925
保守环保行为及行为意愿	四川	邻省	0.023	0.039	0.933
		中西部	-0.021	0.044	0.966
		东部	-0.079	0.038	0.167
	邻省	中西部	-0.044	0.048	0.792
		东部	-0.103	0.043	0.076
	中西部	东部	-0.058	0.047	0.603

2. 不同类型旅游地游客体验、情感与行为比较

青城山、都江堰和九寨沟文化、自然景观差异较大，游客通过旅游活动对旅游地产生的认知、情感、态度、行为亦可能大相径庭。采用单因素方差分析对三地游客文化景观体验认知、自然景观体验认知、环保情感、环保道德规范、灾害后果认知、激进环保行为及行为意愿和保守环保行为及行为意愿进行比较，经方差齐性检验自然景观体验认知、环保情感与保守环保行为及行为意愿未达到显著性水平，不适合做方差分析，因此需采用非参数检验方法进行均值比较（表 5-4）。

如表 5-4 和表 5-5 所示，九寨沟游客文化景观体验认知显著大于青城山，九寨沟与都江堰、都江堰与青城山游客文化景观体验认知无显著性差异，这与旅游地文化景观的价值、知名度以及游客文化景观体验认知的可参与性有关。九寨沟游客环保情感显著大于都江堰，九寨沟与青城山、青城山与都江堰游客环保情感无显著性差异，这是因为人对自然的情感取决于对自然功能的依赖，高质量的生态环境可以给人们提供审美和休闲需求，人们由此产生的保护情感也高。九寨沟游客激进环保行为及行为意愿显著高于都江堰，九寨沟与青城山、青城山与都江堰游客激进环保行为及行为意愿无显著性差异。

和文化景观相比，高质量的自然景观更容易激发游客经济环保行为。如表 5-6、表 5-7 和表 5-8 所示，青城山与都江堰、青城山与九寨沟游客环保道德规范有显著性差异，都江堰与九寨沟游客环保道德规范无显著性差异，由此看出高质量的文化景观与自然景观均易激发游客环保道德规范（在调研中发现，都江堰游客将保护文化遗产与保护遗产地环境概念等同）。青城山与都江堰、青城山与九寨沟、都江堰与九寨沟游客自然景观体验认知均存在显著性差异，这与各旅游地实际自然环境质量差距一致。青城山与都江堰游客保守环保行为及行为意愿不存在显著性差异，青城山与九寨沟、都江堰与九寨沟游客保守环保行为及行为意愿均存在显著性差异，这进一步说明高质量的自然景观更易激发游客简单易行的环保行为。

表 5-4　景观体验认知、环保情感等因子方差齐性检验（$N_{游客}=1142$）

	Levene 统计量	df1	df2	显著性
文化景观体验认知	0. 130	2	1139	0. 878
自然景观体验认知	23. 167	2	1139	0. 000

续　表

	Levene 统计量	df1	df2	显著性
环保情感	0. 998	2	1139	0. 369
环保道德规范	8. 276	2	1139	0. 000
灾害后果认知	1. 092	2	1139	0. 336
激进环保行为及行为意愿	0. 293	2	1139	0. 746
保守环保行为及行为意愿	5. 690	2	1139	0. 003

表 5-5　方差齐性检验显著因子单因素方差分析检验（$N_{游客}=1142$）

		平方和	df	均方	*F*	显著性
文化景观体验认知	组间	5. 992	2	2. 996	7. 409	0. 001
	组内	460. 609	1139	0. 404	—	—
	总数	466. 601	1141	—	—	—
环保情感	组间	6. 291	2	3. 145	5. 486	0. 004
	组内	653. 071	1139	0. 573	—	—
	总数	659. 362	1141	—	—	—
灾害后果认知	组间	2. 597	2	1. 298	3. 219	0. 040
	组内	459. 454	1139	0. 403	—	—
	总数	462. 051	1141	—	—	—
激进环保行为及行为意愿	组间	5. 185	2	2. 593	4. 480	0. 012
	组内	659. 105	1139	0. 579	—	—
	总数	664. 290	1141	—	—	—

表 5-6　单因素方差分析组间显著因子多重比较（$N_{游客}=1142$）

因变量	Tukey HSD						
	(I)客源地	(J)客源地	均值差(I-J)	标准误	显著性	95%置信区间	
						下限	上限
文化景观体验认知	青城山	都江堰	−0.087	0.049	0.183	−0.202	0.029
		九寨沟	−0.173*	0.045	0.000	−0.278	−0.067
	都江堰	青城山	0.087	0.049	0.183	−0.029	0.202
		九寨沟	−0.086	0.045	0.148	−0.194	0.202
	九寨沟	青城山	0.173*	0.045	0.000	0.067	0.278
		都江堰	0.086	0.046	0.148	−0.022	0.194
环保情感	青城山	都江堰	0.050	0.059	0.673	−0.088	0.187
		九寨沟	−0.122	0.054	0.060	−0.247	0.004
	都江堰	青城山	−0.050	0.059	0.673	−0.187	0.088
		九寨沟	−0.171*	0.055	0.005	−0.300	−0.043
	九寨沟	青城山	0.122	0.054	0.060	−0.004	0.247
		都江堰	0.171*	0.055	0.005	0.043	0.300
灾害后果认知	青城山	都江堰	0.094	0.049	0.136	−0.021	0.209
		九寨沟	−0.019	0.045	0.910	−0.124	0.087
	都江堰	青城山	−0.094	0.049	0.136	−0.209	0.021
		九寨沟	−0.112*	0.046	0.038	−0.220	−0.005
	九寨沟	青城山	0.019	0.045	0.910	−0.087	0.124
		都江堰	0.112*	0.046	0.038	0.005	0.220
激进环保行为及行为意愿	青城山	都江堰	0.048	0.059	0.690	−0.090	0.186
		九寨沟	−0.108	0.054	0.109	−0.235	0.018
	都江堰	青城山	−0.048	0.059	0.690	−0.186	0.090
		九寨沟	−0.157*	0.055	0.012	−0.286	−0.028
	九寨沟	青城山	0.108	0.054	0.109	−0.108	0.235
		都江堰	0.157*	0.055	0.012	0.028	0.286

* $p<0.05$

表 5-7　方差齐性检验不显著因子非参数检验——2 个独立样本检验（秩）（$N_{游客}=1142$）

案例地			N	秩均值	秩和
青城山-都江堰	自然景观体验认知	青城山	348	315.99	109 966.00
		都江堰	323	357.55	115 490.00
		总数	671	—	—
	环保道德规范	青城山	348	376.69	131 087.00
		都江堰	323	292.16	943 669.00
		总数	671	—	—
	保守环保行为及行为意愿	青城山	348	328.64	114 365.50
		都江堰	323	343.93	111 090.50
		总数	671	—	—
青城山-九寨沟	自然景观体验认知	青城山	348	336.23	117 006.50
		九寨沟	471	464.51	218 783.50
		总数	819	—	—
	环保道德规范	青城山	348	455.88	158 645.00
		九寨沟	471	376.10	177 145.00
		总数	819	—	—
	保守环保行为及行为意愿	青城山	348	367.64	127 940.00
		九寨沟	471	441.30	207 850.00
		总数	819	—	—
都江堰-九寨沟	自然景观体验认知	都江堰	323	358.63	115 837.00
		九寨沟	471	424.16	199 778.00
		总数	794	—	—
	环保道德规范	都江堰	323	382.16	1 123 438.00
		九寨沟	471	408.02	192 177.00
		总数	794	—	—
	保守环保行为及行为意愿	都江堰	323	367.48	118 697.00
		九寨沟	471	418.08	196 918.00
		总数	794	—	—

表 5-8　方差齐性检验不显著因子检验统计量（$N_{游客}=1142$）

		自然景观体验认知	环保道德规范	保守环保行为及行为意愿
青城山-都江堰	Mann-Whitney U	49 240. 000	42 043. 000	53 639. 500
	Wilcoxon W	109 966. 000	94 369. 000	114 365. 500
	Z	−2. 827	−6. 311	−1. 026
	渐进显著性（双侧）	0. 005	0. 000	0. 305
青城山-九寨沟	Mann-Whitney U	56 280. 500	65 989. 000	67 214. 000
	Wilcoxon W	117 006. 500	177 145. 000	127 940. 000
	Z	−7. 730	−5. 371	−4. 411
	渐进显著性（双侧）	0. 000	0. 000	0. 000
都江堰-九寨沟	Mann-Whitney U	63 511. 000	71 112. 000	66 371. 000
	Wilcoxon W	115 837. 000	123 438. 000	118 697. 000
	Z	−3. 986	−1. 727	−3. 058
	渐进显著性（双侧）	0. 000	0. 084	0. 002

5. 2　地理因素对游客价值观驱动保护旅游地环境行为影响研究

5. 2. 1　游客价值观驱动保护旅游地环境行为及行为意愿基准模型检验

为了便于在相同的水平下比较分析四川省内、邻省、中西部地区和东部地区游客价值观对保护旅游地行为的驱动机制及其路径差异，需要构建一个对上述四个地区都适用的模型。因此，对研究提出的游客“价值观驱动保护旅游地环境行为”概念模型进行检验，分析是否达到基准模型要求。如表 5-9 所示，从模型与数据拟合情况来看虽然模型达到显著水平，但是卡方与自由度比值较小，而且 RMR、RMSEA、PGFI、PNFI、PCFI、CN 指标均达到标准，因此认为模型与数据拟合情况较佳，此概念模型对四川省内、邻省、中西部地区与东部地区游客数据均适用。

表 5-9　游客价值观驱动保护旅游地环境行为及行为意愿基准模型拟合指数（$N_{游客}=1142$）

适配度	标准		基准模型
绝对适配度	x^2值	$p>0.050$	0.000
	RMR	<0.050	0.030
	RMSEA	<0.080	0.050
增值适配度	NFI	>0.900	0.846
	RFI	>0.900	0.783
	IFI	>0.900	0.805
	TLI	>0.900	0.783
	CFI	>0.900	0.861
简约适配度	PGFI	>0.500	0.713
	PNFI	>0.500	0.725
	PCFI	>0.500	0.775
	x^2/df	<5.000	2.995

5.2.2　游客价值观驱动保护旅游地环境行为及行为意愿模型内在性质检验

四川、邻省、中西部与东部地区各测量模型中的因素负荷量均达到显著（$p<0.001$），此种情形表示测量的指标变量在各个样本中均能有效反映出它所要测量的构念（潜在变量），从而进一步证明量表具有良好效度（表 5-10）。各个区域样本的指标变量多元相关系数的平方（R^2）均达到显著水平，且个别变量 R^2值大于 0.500，因此进一步证明量表具有较好的信度。在四川、邻省、中西部和东部地区样本中虽然部分测量模型 *AVE* 值小于 0.500 的标准，但是绝大部分测量模型 *CV* 值大于 0.600 的标准，因此量表质量较好（表 5-10）。在表 5-10 中，各样本估计参数，除设置为固定参数以外（为参照指标，无法估计标准误），其余非标准化参数估计值中没有出现负的误差方差（$1-R^2$），且每个估计参数的标准误（S. E.）都很小，表示模型内在质量佳。

表 5-10　不同区域游客价值观驱动保护旅游地环境行为及行为意愿模型内在性质检验（$N_{游客}$=1142）

区域		Estimate	S. E.	C. R. (t)	p	R^2	CR	AVE
四川	利他价值观	—	—	—	—	—	0. 823	0. 467
	V1←利他价值观	1. 036	0. 089	11. 672	***	0. 546	—	—
	V2←利他价值观	0. 933	0. 074	12. 557	***	0. 457	—	—
	V3←利他价值观	0. 981	0. 077	12. 811	***	0. 442	—	—
	V4←利他价值观	1. 066	0. 089	12. 032	***	0. 534	—	—
	V5←利他价值观	1. 140	0. 087	13. 104	***	0. 448	—	—
	V6←利他价值观	1. 041	0. 078	13. 390	***	0. 447	—	—
	V7←利他价值观	1. 000	—	—	—	0. 538	—	—
	V8←利他价值观利己价值观	0. 604	0. 803	7. 264	***	0. 384	—	—
	利己价值观	—	—	—	—	—	0. 839	0. 568
	V9←利己价值观	0. 869	0. 074	11. 727	***	0. 594	—	—
	V10←利己价值观	1. 270	0. 085	14. 928	***	0. 296	—	—
	V11←利己价值观	1. 000	—	—	—	0. 440	—	—
	V12←利己价值观	1. 225	0. 087	14. 111	***	0. 412	—	—
	环境世界观:人地关系认知	—	—	—	—	—	0. 735	0. 414
	EW1←人地关系认知	1. 000	—	—	—	0. 664	—	—
	EW3←人地关系认知	0. 986	0. 152	6. 256	***	0. 724	—	—
	EW4←人地关系认知	1. 069	0. 169	7. 731	***	0. 487	—	—
	EW5←人地关系认知	1. 171	0. 165	7. 267	***	0. 484	—	—
	环境世界观：非人类中心主义	—	—	—	—	—	0. 669	0. 345
	EW7←非人类中心主义	1. 000	—	—	—	0. 747	—	—
	EW8←非人类中心主义	0. 952	0. 169	7. 731	***	0. 826	—	—
	EW9←非人类中心主义	1. 308	0. 165	7. 267	***	0. 486	—	—
	EW10←非人类中心主义	1. 198	0. 165	7. 267	***	0. 561	—	—
	EN3←环保道德规范	1. 000	—	—	—	0. 752	—	—

续　表

区域		Estimate	S. E.	C. R. (*t*)	*p*	R^2	CR	AVE
四川	激进环保行为及行为意愿	—	—	—	—	—	0. 499	0. 740
	TCB1←激进环保行为及行为意愿	1. 000	—	—	—	0. 739	—	—
	TCB5←激进环保行为及行为意愿	1. 927	0. 193	9. 997	***	0. 260	—	—
	TCB6←激进环保行为及行为意愿	1. 867	0. 189	9. 855	***	0. 227	—	—
	保守环保行为及行为意愿	—	—	—	—	—	0. 484	0. 845
	TCB2←保守环保行为及行为意愿	1. 000	—	—	—	0. 607	—	—
	TCB3←保守环保行为及行为意愿	1. 158	0. 072	16. 025	***	0. 725	—	—
	TCB4←保守环保行为及行为意愿	1. 036	0. 071	14. 622	***	0. 652	—	—
	TCB7←保守环保行为及行为意愿	0. 839	0. 076	11. 085	***	0. 384	—	—
	TCB8←保守环保行为及行为意愿	0. 800	0. 081	9. 888	***	0. 228	—	—
	TCB9←保守环保行为及行为意愿	0. 765	0. 065	11. 683	***	0. 492	—	—
邻省	利他价值观	—	—	—	—	—	0. 892	0. 510
	V1←利他价值观	1. 101	0. 125	8. 809	***	0. 640	—	—
	V2←利他价值观	1. 123	0. 098	11. 423	***	0. 411	—	—
	V3←利他价值观	0. 851	0. 077	11. 059	***	0. 457	—	—
	V4←利他价值观	1. 075	0. 090	11. 966	***	0. 382	—	—
	V5←利他价值观	1. 020	0. 091	11. 150	***	0. 472	—	—
	V6←利他价值观	1. 122	0. 097	11. 590	***	0. 445	—	—
	V7←利他价值观	1. 000	—	—	—	0. 476	—	—
	V8←利他价值观	0. 805	0. 088	9. 112	***	0. 641	—	—
	利己价值观	—	—	—	—	—	0. 816	0. 536

续 表

区域		Estimate	S. E.	C. R. (t)	p	R^2	CR	AVE
邻省	V9←利己价值观	0. 671	0. 089	7. 494	***	0. 756	—	—
	V10←利己价值观	1. 058	0. 094	11. 294	***	0. 489	—	—
	V11←利己价值观	1. 000	—	—	—	0. 369	—	—
	V12←利己价值观	1. 312	0. 098	13. 415	***	0. 228	—	—
	环境世界观：人地关系认知	—	—	—	—	—	0. 761	0. 452
	EW1←人地关系认知	1. 000	—	—	—	0. 729	—	—
	EW3←人地关系认知	1. 187	0. 189	6. 295	***	0. 693	—	—
	EW4←人地关系认知	1. 713	0. 223	7. 679	***	0. 312	—	—
	EW5←人地关系认知	1. 723	0. 230	7. 483	***	0. 442	—	—
	环境世界观：非人类中心主义	—	—	—	—	—	0. 814	0. 525
	EW7←非人类中心主义	1. 000	—	—	—	0. 642	—	—
	EW8←非人类中心主义	0. 971	0. 148	6. 570	***	0. 771	—	—
	EW9←非人类中心主义	1. 036	0. 131	7. 884	***	0. 505	—	—
	EW10←非人类中心主义	1. 104	0. 135	8. 169	***	0. 463	—	—
	EN3←环保道德规范	1. 000	—	—	—	0. 640	—	—
	激进环保行为及行为意愿	—	—	—	—	—	0. 818	0. 624
	TCB1←激进环保行为及行为意愿	1. 000	—	—	***	0. 843	—	—
	TCB5←激进环保行为及行为意愿	3. 012	0. 473	6. 374	***	0. 120	—	—
	TCB6←激进环保行为及行为意愿	2. 938	0. 459	6. 398	***	0. 181	—	—
	保守环保行为及行为意愿	—	—	—	—	—	0. 841	0. 476
	TCB2←保守环保行为及行为意愿	0. 895	—	—	—	0. 509	—	—
	TCB3←保守环保行为及行为意愿	0. 846	0. 082	12. 214	***	0. 746	—	—

续　表

区域		Estimate	S. E.	C. R. (t)	p	R^2	CR	AVE
邻省	TCB4←保守环保行为及行为意愿	0.791	0.075	13.097	***	0.737	—	—
	TCB7←保守环保行为及行为意愿	0.980	0.098	8.102	***	0.358	—	—
	TCB8←保守环保行为及行为意愿	0.998	0.107	7.891	***	0.417	—	—
	TCB9←保守环保行为及行为意愿	1.000	0.077	11.585	***	0.467	—	—
中西部	利他价值观	—	—	—	—	—	0.852	0.427
	V1←利他价值观	0.566	0.103	5.489	***	0.817	—	—
	V2←利他价值观	0.626	0.082	7.603	***	0.663	—	—
	V3←利他价值观	0.714	0.087	8.164	***	0.629	—	—
	V4←利他价值观	0.709	0.083	8.554	***	0.608	—	—
	V5←利他价值观	0.869	0.100	8.731	***	0.591	—	—
	V6←利他价值观	0.909	0.069	13.150	***	0.315	—	—
	V7←利他价值观	1.000	—	—	—	0.296	—	—
	V8←利他价值观	0.706	0.092	7.673	***	0.443	—	—
	利己价值观	—	—	—	—	—	0.856	0.603
	V9←利己价值观	0.860	0.106	8.084	***	0.620	—	—
	V10←利己价值观	1.435	0.125	11.476	***	0.102	—	—
	V11←利己价值观	1.000	—	—	—	0.438	—	—
	V12←利己价值观	1.106	0.110	10.077	***	0.680	—	—
	环境世界观：人地关系认知	—	—	—	—	—	0.763	0.453
	EW1←人地关系认知	1.000	—	—	—	0.749	—	—
	EW3←人地关系认知	1.271	0.231	5.507	***	0.621	—	—
	EW4←人地关系认知	1.585	0.268	5.921	***	0.304	—	—
	EW5←人地关系认知	1.449	0.254	5.702	***	0.510	—	—
	环境世界观：非人类中心主义	—	—	—	—	—	0.748	0.429

续 表

区域		Estimate	S. E.	C. R.(t)	p	R^2	CR	AVE
中西部	EW7←非人类中心主义	1.000	—	—	—	0.708	—	—
	EW8←非人类中心主义	1.105	0.192	5.759	***	0.624	—	—
	EW9←非人类中心主义	1.165	0.189	6.169	***	0.418	—	—
	EW10←非人类中心主义	0.984	0.171	5.737	***	0.524	—	—
	EN3←环保道德规范	1.000	—	—	—	0.634	—	—
	激进环保行为及行为意愿	—	—	—	—	—	0.803	0.592
	TCB1←激进环保行为及行为意愿	1.000	—	—	—	0.778	—	—
	TCB5←激进环保行为及行为意愿	1.897	0.301	6.312	***	0.324	—	—
	TCB6←激进环保行为及行为意愿	2.349	0.402	5.842	***	0.115	—	—
	保守环保行为及行为意愿	—	—	—	—	—	0.825	0.454
	TCB2←保守环保行为及行为意愿	1.000	—	—	—	0.655	—	—
	TCB3←保守环保行为及行为意愿	1.203	0.116	10.336	***	0.811	—	—
	TCB4←保守环保行为及行为意愿	1.379	0.144	9.578	***	0.717	—	—
	TCB7←保守环保行为及行为意愿	0.862	0.131	6.562	***	0.309	—	—
	TCB8←保守环保行为及行为意愿	0.742	0.137	5.408	***	0.237	—	—
	TCB9←保守环保行为及行为意愿	0.847	0.120	7.052	***	0.536	—	—
东部	利他价值观	—	—	—	—	—	0.903	0.546
	V1←利他价值观	0.746	0.092	8.141	***	0.741	—	—
	V2←利他价值观	0.990	0.074	13.452	***	0.307	—	—
	V3←利他价值观	0.882	0.069	12.753	***	0.375	—	—
	V4←利他价值观	0.990	0.076	12.969	***	0.380	—	—

续　表

区域		Estimate	S. E.	C. R. (t)	p	R^2	CR	AVE
东部	V5←利他价值观	1. 101	0. 080	13. 745	***	0. 311	—	—
	V6←利他价值观	1. 024	0. 076	13. 550	***	0. 343	—	—
	V7←利他价值观	1. 000	—	—	—	0. 463	—	—
	V8←利他价值观	0. 668	0. 077	8. 666	***	0. 557	—	—
	利己价值观	—	—	—	—	—	0. 767	0. 507
	V9←利己价值观	0. 523	0. 076	6. 860	***	0. 800	—	—
	V10←利己价值观	1. 116	0. 084	13. 360	***	0. 289	—	—
	V11←利己价值观	1. 000	—	—	—	0. 322	—	—
	V12←利己价值观	0. 844	0. 078	10. 803	***	0. 707	—	—
	环境世界观：人地关系认知	—	—	—	—	—	0. 692	0. 362
	EW1←人地关系认知	1. 000	—	—	—	0. 658	—	—
	EW3←人地关系认知	0. 853	0. 153	5. 590	***	0. 782	—	—
	EW4←人地关系认知	1. 062	0. 149	7. 118	***	0. 484	—	—
	EW5←人地关系认知	1. 024	0. 154	6. 669	***	0. 632	—	—
	环境世界观：非人类中心主义	—	—	—	—	—	0. 705	0. 377
	EW7←非人类中心主义	1. 000	—	—	—	0. 724	—	—
	EW8←非人类中心主义	1. 262	0. 179	7. 043	***	0. 610	—	—
	EW9←非人类中心主义	0. 950	0. 150	6. 330	***	0. 501	—	—
	EW10←非人类中心主义	0. 838	0. 145	5. 776	***	0. 666	—	—
	EN3←环保道德规范	1. 000	—	—	—	0. 592	—	—
	激进环保行为及行为意愿	—	—	—	—	—	0. 801	0. 589
	TCB1←激进环保行为及行为意愿	1. 000	—	—	—	0. 640	—	—
	TCB5←激进环保行为及行为意愿	2. 066	0. 265	7. 787	***	0. 687	—	—

续 表

区域		Estimate	S. E.	C. R. (t)	p	R^2	CR	AVE
东部	TCB6←激进环保行为及行为意愿	1. 861	0. 237	7. 866	***	0. 675	—	—
	保守环保行为及行为意愿	—	—	—	—	—	0. 822	0. 439
	TCB2←保守环保行为及行为意愿	1. 000	—	—	—	0. 476	—	—
	TCB3←保守环保行为及行为意愿	1. 007	0. 089	11. 282	***	0. 350	—	—
	TCB4←保守环保行为及行为意愿	0. 937	0. 092	10. 199	***	0. 541	—	—
	TCB7←保守环保行为及行为意愿	0. 808	0. 095	8. 463	***	0. 315	—	—
	TCB8←保守环保行为及行为意愿	0. 926	0. 113	8. 196	***	0. 155	—	—
	TCB9←保守环保行为及行为意愿	0. 802	0. 091	8. 839	***	0. 773	—	—

注：*** $p<0.001$

四个模型潜变量协方差矩阵中对角线数值均大于对应各列数值，进一步证明模型内在性质较好（表 5-11）。

表 5-11　游客价值观驱动保护旅游地环境行为及行为意愿模型潜变量协方差矩阵（$N_{游客}=1142$）

区域		EV	AV	EV-HN	EV-NA	EN	TCB-G	TCB-A
四川	EV	0. 552	—	—	—	—	—	—
	AV	0. 026	0. 215	—	—	—	—	—
	EV-HN	0. 044	0. 114	0. 219	—	—	—	—
	EV-NA	0. 080	0. 141	0. 078	0. 270	—	—	—
	EN	0. 028	0. 058	0. 071	0. 076	0. 126	—	—
	TCB-G	0. 052	0. 095	0. 088	0. 099	0. 125	0. 227	—
	TCB-A	0. 069	0. 036	0. 038	0. 045	0. 055	0. 059	0. 190

续　表

区域		EV	AV	EV-HN	EV-NA	EN	TCB-G	TCB-A
邻省	EV	0.627	—	—	—	—	—	—
	AV	0.053	0.172	—	—	—	—	—
	EV-HN	0.037	0.118	0.286	—	—	—	—
	EV-NA	0.021	0.098	0.068	0.150	—	—	—
	EN	0.018	0.065	0.114	0.061	0.178	—	—
	TCB-G	0.018	0.098	0.133	0.078	0.182	0.262	—
	TCB-A	0.038	0.021	0.039	0.020	0.061	0.061	0.091
中西部	EV	0.584	—	—	—	—	—	—
	AV	0.013	0.246	—	—	—	—	—
	EV-HN	-0.005	0.133	0.293	—	—	—	—
	EV-NA	0.004	0.116	0.063	0.188	—	—	—
	EN	-0.001	0.070	0.113	0.061	0.183	—	—
	TCB-G	-0.002	0.109	0.112	0.072	0.147	0.182	—
	TCB-A	-0.043	0.035	0.046	0.026	0.066	0.056	0.157
东部	EV	0.678	—	—	—	—	—	—
	AV	0.073	0.245	—	—	—	—	—
	EV-HN	0.111	0.125	0.274	—	—	—	—
	EV-NA	0.089	0.151	0.082	0.227	—	—	—
	EN	0.070	0.102	0.110	0.125	0.214	—	—
	TCB-G	0.087	0.117	0.093	0.107	0.141	0.199	—
	TCB-A	0.062	0.061	0.068	0.106	0.074	0.169	0.190

注：EV＝利己价值观；AV＝利他价值观；EV-HN＝人地关系认知；EV-NA＝非人类中心主义；EN＝环保道德规范；TCB-G＝保守环保行为及行为意愿；TCB-A＝激进环保行为及行为意愿。

5.2.3　不同区域游客价值观驱动保护旅游地环境行为及行为意愿模型验证

对四川、邻省、中西部和东部地区模型结构关系进行验证，判断初始的假设关系对四个区域是否成立。采用最大似然法对结构模型中的路径系数进行参数估计检验。表 5-12 显示了四个区域最终模型各变量间的因果关系。图 5-1 更直观地展现了四个区域各变量之间的影响关系路径及影响程度，同时也直观地展现了潜变量中各观测指标对潜变量的影响程度。

表 5-12　不同区域游客价值观驱动保护旅游地环境行为及行为意愿模型假设检验

（$N_{四川游客}=393$，$N_{邻省游客}=253$，$N_{中西部游客}=176$，$N_{东部游客}=274$）

区域	路径	Estimate	S. E.	C. R.（t）	p	Path
四川	H4（a）：利他价值观→人地关系认知	0. 641	0. 087	7. 402	***	接受
	H4（b）：利他价值观→非人类中心主义	0. 523	0. 084	6. 250	***	接受
	H5（a）：利己价值观→人地关系认知	0. 114	0. 040	2. 874	***	接受
	H5（b）：利己价值观→非人类中心主义	0. 055	0. 039	1. 418	0. 156	拒绝
	H7（a）：人地关系认知→环保道德规范	0. 209	0. 079	2. 633	***	接受
	H7（b）：非人类中心主义→环保道德规范	0. 248	0. 084	2. 944	***	接受
	H8（a）：利他价值观→保守环保行为及行为意愿	0. 198	0. 072	2. 742	***	接受
	H8（b）：利他价值观→激进环保行为及行为意愿	0. 053	0. 062	0. 848	0. 396	拒绝
	H9（a）：利己价值观→保守环保行为及行为意愿	0. 040	0. 033	1. 211	0. 226	拒绝
	H9（b）：利己价值观→激进环保行为及行为意愿	0. 104	0. 035	2. 930	***	接受
	H3（b）：环保道德规范→激进环保行为及行为意愿	0. 894	0. 225	3. 232	***	接受
	H3（c）：环保道德规范→保守环保行为及行为意愿	0. 387	0. 120	3. 232	***	接受

续　表

区域	路径	Estimate	S. E.	C. R. （t）	p	Path
邻省	H4（a）：利他价值观→人地关系认知	0. 576	0. 095	6. 031	***	接受
	H4（b）：利他价值观→非人类中心主义	0. 687	0. 115	5. 967	***	接受
	H5（a）：利己价值观→人地关系认知	0. 000	0. 047	0. 000	1. 000	拒绝
	H5（b）：利己价值观→非人类中心主义	−0. 016	0. 033	−0. 494	0. 621	拒绝
	H7（a）：人地关系认知→环保道德规范	0. 252	0. 112	2. 239	**	接受
	H7（b）：非人类中心主义→环保道德规范	0. 340	0. 092	3. 700	***	接受
	H8（a）：利他价值观→保守环保行为及行为意愿	0. 216	0. 099	2. 186	**	接受
	H8（b）：利他价值观→激进环保行为及行为意愿	−0. 022	0. 059	−0. 377	0. 706	拒绝
	H9（a）：利己价值观→保守环保行为及行为意愿	−0. 017	0. 039	−0. 429	0. 668	拒绝
	H9（b）：利己价值观→激进环保行为及行为意愿	0. 054	0. 027	1. 961	**	接受
	H3（b）：环保道德规范→激进环保行为及行为意愿	0. 344	0. 089	3. 874	***	接受
	H3（c）：环保道德规范→保守环保行为及行为意愿	0. 946	0. 176	5. 370	***	接受
中西部	H4（a）：利他价值观→人地关系认知	0. 471	0. 103	4. 595	***	接受
	H4（b）：利他价值观→非人类中心主义	0. 542	0. 117	4. 635	***	接受
	H5（a）：利己价值观→人地关系认知	−0. 022	0. 058	−0. 375	0. 708	拒绝

续 表

区域	路径	Estimate	S. E.	C. R. （t）	p	Path
中西部	H5（b）：利己价值观→非人类中心主义	-0. 004	0. 045	-0. 083	0. 934	拒绝
	H7（a）：人地关系认知→环保道德规范	0. 213	0. 129	1. 651	*	接受
	H7（b）：非人类中心主义→环保道德规范	0. 339	0. 108	3. 143	***	接受
	H8（a）：利他价值观→保守环保行为及行为意愿	0. 244	0. 078	3. 132	***	接受
	H8（b）：利他价值观→激进环保行为及行为意愿	0. 049	0. 074	0. 664	0. 507	拒绝
	H9（a）：利己价值观→保守环保行为及行为意愿	-0. 008	0. 037	-0. 212	0. 832	拒绝
	H9（b）：利己价值观→激进环保行为及行为意愿	-0. 074	0. 043	-1. 735	*	接受
	H3（b）：环保道德规范→激进环保行为及行为意愿	0. 707	0. 179	3. 960	***	接受
	H3（c）：环保道德规范→保守环保行为及行为意愿	0. 343	0. 120	2. 853	***	接受
东部	H4（a）：利他价值观→人地关系认知	0. 596	0. 099	6. 013	***	接受
	H4（b）：利他价值观→非人类中心主义	0. 475	0. 092	5. 164	***	接受
	H5（a）：利己价值观→人地关系认知	0. 112	0. 048	2. 322	**	接受
	H5（b）：利己价值观→非人类中心主义	0. 067	0. 040	1. 655	*	接受
	H7（a）：人地关系认知→环保道德规范	0. 455	0. 119	3. 837	***	接受
	H7（b）：非人类中心主义→环保道德规范	0. 264	0. 107	2. 470	**	接受

续　表

区域	路径	Estimate	S. E.	C. R. (t)	p	Path
东部	H8（a）：利他价值观→保守环保行为及行为意愿	0. 243	0. 076	3. 178	***	接受
	H8（b）：利他价值观→激进环保行为及行为意愿	0. 048	0. 068	0. 708	0. 479	拒绝
	H9（a）：利己价值观→保守环保行为及行为意愿	0. 048	0. 034	1. 410	0. 159	拒绝
	H9（b）：利己价值观→激进环保行为及行为意愿	0. 039	0. 034	1. 122	0. 262	拒绝
	H3（b）：环保道德规范→激进环保行为及行为意愿	0. 526	0. 129	4. 095	***	接受
	H3（c）：环保道德规范→保守环保行为及行为意愿	0. 460	0. 113	4. 058	***	接受

注：*** p<0. 001，** p<0. 010，* p<0. 050

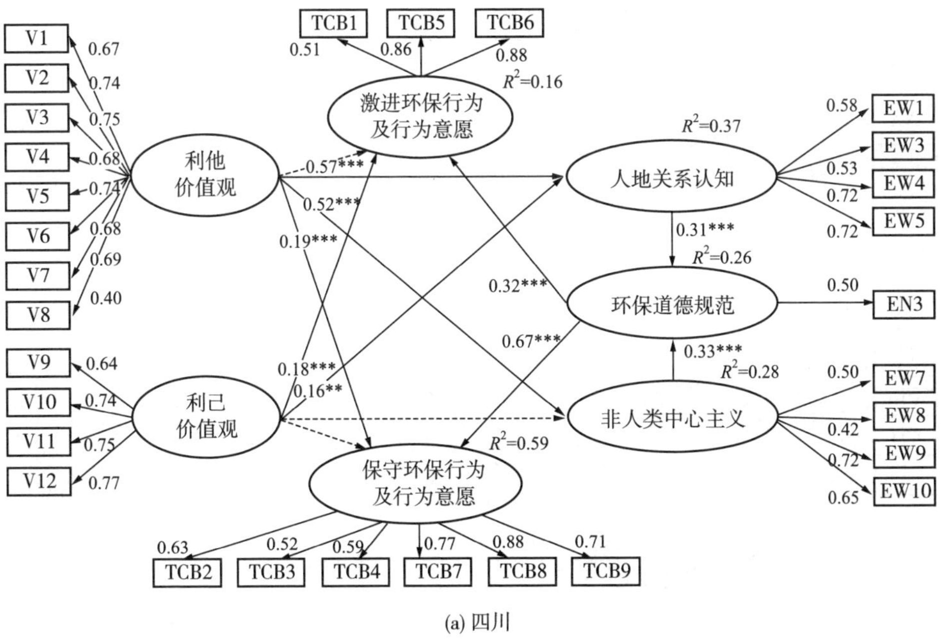

(a) 四川

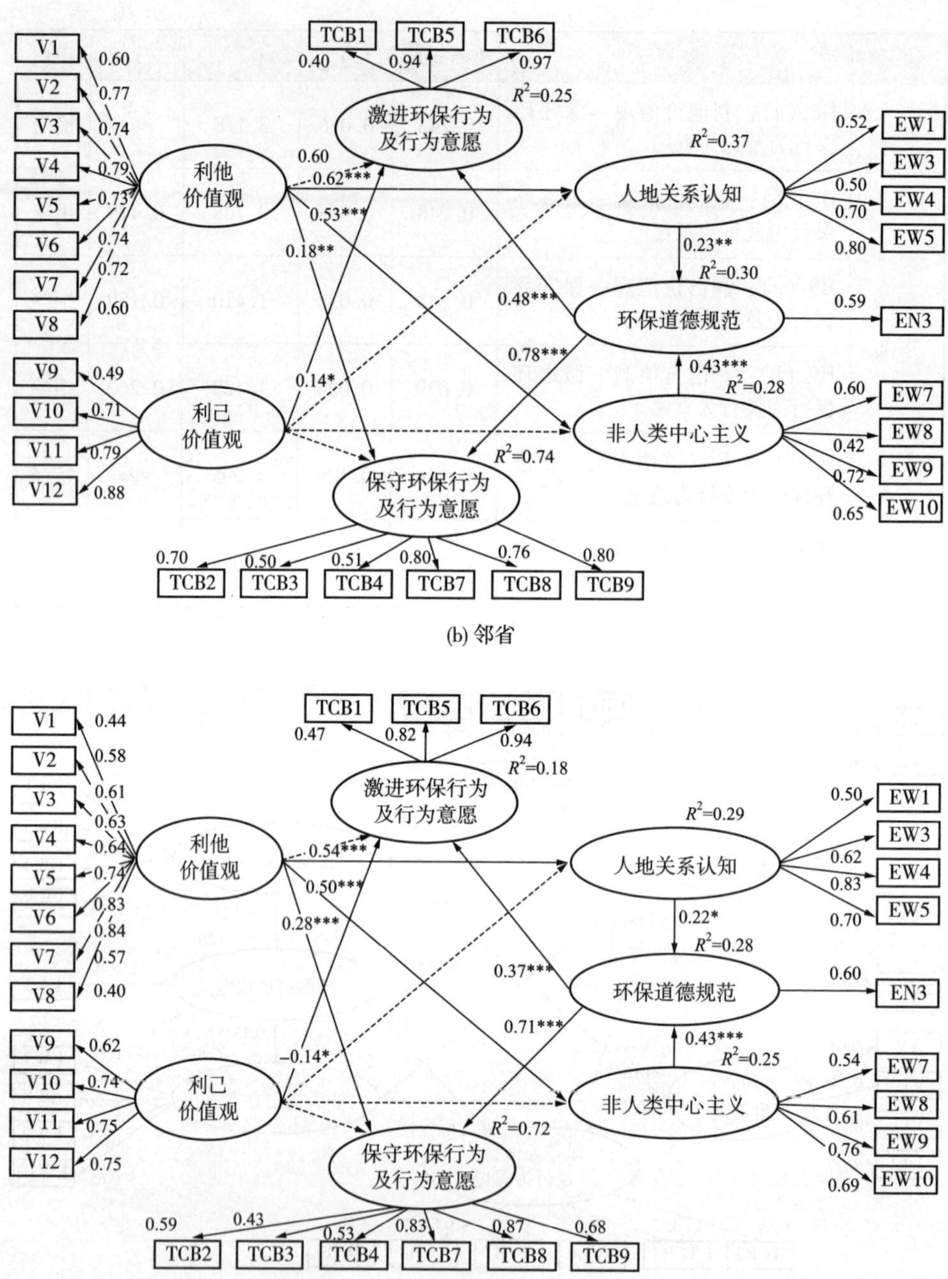

TCB1
TCB5
TCB6
0.40
0.94
0.97
R2=0.25
激进环保行为及行为意愿
V1
V2
V3
V4
V5
V6
V7
V8
V9
V10
V11
V12
0.60
0.77
0.74
0.79
0.73
0.74
0.72
0.60
0.49
0.71
0.79
0.88
利他价值观
利己价值观
0.60
0.62***
0.53***
0.18**
0.14*
R2=0.37
人地关系认知
0.23**
R2=0.30
0.48***
环保道德规范
0.78***
0.43***
R2=0.28
非人类中心主义
R2=0.74
保守环保行为及行为意愿
EW1
EW3
EW4
EW5
EN3
EW7
EW8
EW9
EW10
0.52
0.50
0.70
0.80
0.59
0.60
0.42
0.72
0.65
0.70
0.50
0.51
0.80
0.76
0.80
TCB2
TCB3
TCB4
TCB7
TCB8
TCB9

(b) 邻省

TCB1
TCB5
TCB6
0.47
0.82
0.94
R2=0.18
激进环保行为及行为意愿
V1
V2
V3
V4
V5
V6
V7
V8
V9
V10
V11
V12
0.44
0.58
0.61
0.63
0.64
0.74
0.83
0.84
0.57
0.40
0.62
0.74
0.75
0.75
利他价值观
利己价值观
0.54***
0.50***
0.28***
−0.14*
R2=0.29
人地关系认知
0.22*
R2=0.28
0.37***
环保道德规范
0.71***
0.43***
R2=0.25
非人类中心主义
R2=0.72
保守环保行为及行为意愿
EW1
EW3
EW4
EW5
EN3
EW7
EW8
EW9
EW10
0.50
0.62
0.83
0.70
0.60
0.54
0.61
0.76
0.69
0.59
0.43
0.53
0.83
0.87
0.68
TCB2
TCB3
TCB4
TCB7
TCB8
TCB9

(c) 中西部地区

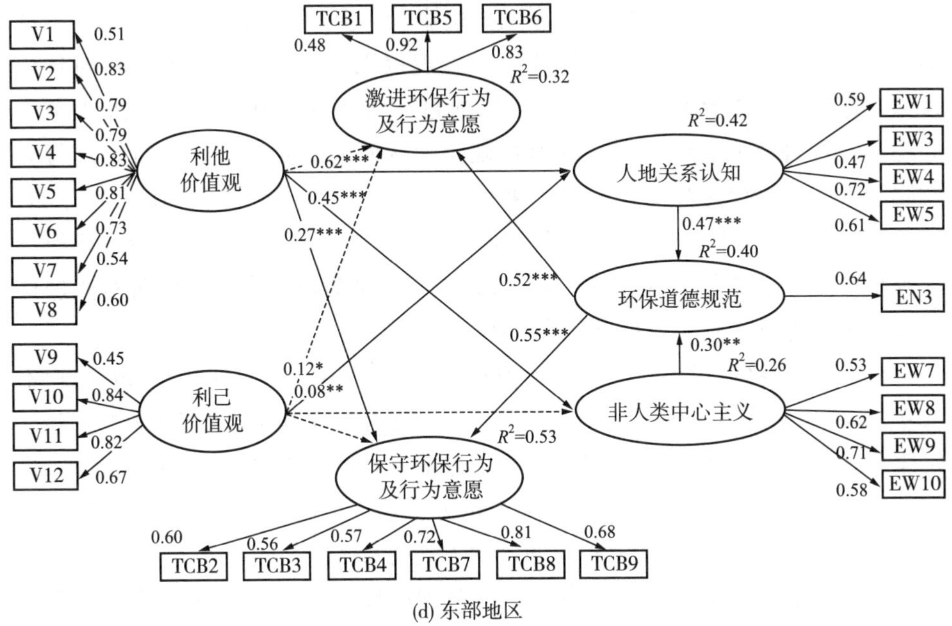

(d) 东部地区

图 5-1　游客价值观驱动保护旅游地环境行为及行为意愿标准化结构方程模型图（$N_{四川游客}$ = 393，$N_{邻省游客}$ = 253，$N_{中西部游客}$ = 176，$N_{东部游客}$ = 274）

本书采用最大似然法对结构方程模型进行参数估计，判断结构模型中各条研究假设在 4 个区域当中是否成立。结合表 5-12 和图 5-1 可知，研究假设 H5（b）、H8（b）和 H9（a）在四川游客模型中不成立，即四川游客利己价值观对“非人类中心主义”环境态度无影响，利他价值观对激进环保行为及行为意愿无直接影响，同时利己价值观对保守环保行为及行为意愿无直接影响。其他研究假设在四川游客模型中均成立且路径系数均为正，说明四川游客利他价值观可以通过“人地关系认知”和“非人类中心主义”两种环境态度激活环保道德规范，从而分别对激进和保守环保行为及行为意愿产生积极影响，假设 H4（a）、H4（b）、H7（a）、H7（b）、H3（b）和 H3（c）成立；四川游客利己价值观只能通过“人地关系认知”间接影响激进环保行为及行为意愿和保守环保行为及行为意愿，假设 H5（a）成立；四川游客利他价值观仅对保守环保行为及行为意愿有直接正面影响，假设 H8（a）成立；四川游客利己价值观仅对激进环保行为及行为意愿有直接正面影响，假设 H9（b）成立。

在邻省游客模型中，研究假设 H5（a）、H5（b）、H8（b）和 H9（a）不成立，说明邻省游客利己价值观对激进环保行为及行为意愿无直接影响；利己价值观对保守环保行为及行为意愿无直接影响；利己价值观对“人地关系认知”和“非人类中心主义”两种环境世界观也无影响，进而不能间接对环境行为起作用。邻省游客利他价值观可以通过“人地关系认知”和“非人类中心主义”两种环境态度激活环保道德规范，从而分别对激进环保行为及行为意愿和保守环保行为及行为意愿产生积极影响，假设 H3（b）、H3（c）、H7（a）、H7（b）、H4（a）和 H4（b）成立；邻省游客利他价值观对保守环保行为及行为意愿有显著正面影响，H8（a）成立；邻省游客利己价值观对激进环保行为及行为意愿有显著积极影响，H9（b）成立。

在中西部游客模型中，研究假设 H5（a）、H5（b）、H8（b）和 H9（a）不成立，说明中西部游客利己价值观对激进环保行为及行为意愿无直接影响；利己价值观对保守环保行为及行为意愿无直接影响；利己价值观对“人地关系认知”和“非人类中心主义”两种环境世界观也无影响，进而不能间接对环境行为起作用。中西部游客利他价值观可以通过“人地关系认知”和“非人类中心主义”两种环境世界观激活环保道德规范，从而分别对激进环保行为及行为意愿和保守环保行为及行为意愿产生积极影响，假设 H3（b）、H3（c）、H7（a）、H7（b）、H4（a）和 H4（b）成立；中西部游客利他价值观对保守环保行为及行为意愿有显著正面影响，H8（a）成立；中西部游客利己价值观对激进环保行为及行为意愿有显著消极影响，路径系数为-0.14，假设 H9（b）成立。

在东部游客模型中，研究假设 H8（b）、H9（a）和 H9（b）均不成立，说明东部游客利他价值观、利己价值观对激进环保行为及行为意愿无直接影响，同时利己价值观对保守环保行为及行为意愿也无直接影响。其他研究假设在东部游客模型中均成立，且路径系数为正。东部游客利他价值观和利己价值观可以通过“人地关系认知”和“非人类中心主义”两种环境世界观激活环保道德规范，分别对激进环保行为及行为意愿和保守环保行为及行为意愿产生正向影响，研究假设 H3（b）、H3（c）、H5（a）、H5（b）、H7（a）、H7（b）、H4（a）和 H4（b）成立；东部游客利他价值观对保守环保行为及行为意愿有着显著正向影响，假设 H8（a）成立。

5.2.4 区域差异对游客保护旅游地环境行为及行为意愿驱动机制影响分析

按照地理区位和区域经济水平因素对客源地进行划分并建立四个模型，探索地理因素对游客保护旅游地环境行为驱动机制是否存在影响。本书从直接作用和间接作用两方面入手，探索地理空间距离与区域经济水平对游客保护旅游地环境行为驱动机制影响的区域差异。

1. 直接作用区域差异分析

（1）有关利他价值观对保护旅游地环境行为及行为意愿的直接影响，上述研究结果证明，四川、邻省、中西部和东部地区游客利他价值观对“我愿意帮助景区保护环境”“我愿意捐款帮助景区防治自然灾害”（TCB5、TCB6）等激进环保行为及行为意愿均无影响；而利他价值观对“我已经做到不乱扔垃圾”“我已经做到爱护动植物”和“我已节约使用旅馆水电等资源”（TCB7、TCB8、TCB9）等无须付出过多经济、时间和精力简单易行的保守环保行为及行为意愿均有着显著的正向影响。由此结果可以看出，地理空间距离与区域经济水平对路径“利他价值观→环保行为（激进环保行为及行为意愿与保守环保行为及行为意愿）”作用机理影响无差异。

（2）有关利己价值观对保护旅游地环境行为及行为意愿的直接影响，四川游客利己价值观对激进环保行为及行为意愿有显著正向影响（路径系数为 0.18）；邻省游客利己价值观对激进环保行为及行为意愿有显著正向影响（路径系数为 0.14）；中西部游客利己价值观对激进环保行为及行为意愿有显著负向影响（路径系数为-0.14）；东部游客利己价值观对激进环保行为及行为意愿无影响。由此结果可以看出，地理空间距离与区域经济水平对路径“利己价值观→激进环保行为及行为意愿”作用机制有显著差异，随着客源地与旅游地距离的增加，游客利己价值观对激进环保行为及行为意愿的作用减弱甚至出现负面影响；由于经济水平对环保行为有着正面影响（Clark，2003），所以虽然东部与中西部相比距旅游地更远，但是游客利他价值观对激进环保行为及行为意愿并未出现负面影响而是无影响。

（3）有关环保道德规范对保护旅游地环境行为及行为意愿的直接影响，四个区域游客环保道德规范对激进环保行为及行为意愿和保守环保行为及行为意愿均有正向影响（$\text{TCB-A}_{\text{四川省内}} = 0.32$，$\text{TCB-A}_{\text{邻省}} = 0.48$，$\text{TCB-A}_{\text{中西部}} = 0.37$，$\text{TCB-A}_{\text{东部}} = 0.52$，$\text{TCB-G}_{\text{四川省内}} = 0.67$，$\text{TCB-G}_{\text{邻省}} = 0.78$，$\text{TCB-G}_{\text{中西部}} = 0.71$，$\text{TCB-G}_{\text{东部}} = 0.55$）。由此结果可以看出，地理空间距离与区域经济水平对路径“环保道德规范→环保行为（激进环保行为及行为意愿与保守环保行为及行为意愿）”作用机理影响无差异。

2. 间接作用区域差异分析

（1）四个区域游客的利他价值观对“人地关系认知”和“非人类中心主

义”两种环境世界观均产生积极影响，进而间接影响环保道德规范，最终对激进环保行为及行为意愿与保守环保行为及行为意愿产生间接作用，说明地理空间距离与区域经济水平对因果链“利他价值观→环境世界观→环保道德规范→环保行为（激进环保行为及行为意愿与保守环保行为及行为意愿）”作用机理影响无差异。

（2）地理空间距离与区域经济水平对因果链“利己价值观→环境世界观→环保道德规范→环保行为（激进环保行为及行为意愿与保守环保行为及行为意愿）”作用机理影响在四个区域存在显著差异。Stern 等（1995）研究认为利己价值观对个体环保行为起作用主要是因为个体考虑到环境状况后果可能会影响到自己的生活或福祉。四川游客居住地离本书的案例地空间距离最近，旅游地发生的任何环境状况后果都会对本省居民生活或福祉产生更直接、更大的影响，因此四川游客利己价值观通过环境世界观和环保道德规范对环保行为及行为意愿起正向作用，然而仅有通过人地关系认知调节的因果链成立。邻省和中西部游客利他价值观对环境世界观均无影响，从而对环保行为及行为意愿无间接作用。大量研究认为，经济水平和文化程度等社会人口变量对环境世界观、环境行为等环保主义相关内容有显著影响（Poortinga et al.，2004；Staats et al.，2004；Dunlap et al.，2008；Wester et al.，2011；Wiernik et al.，2013），与邻省和中西部地区相比，东部地区游客文化程度、经济水平相对较高，东部游客能够更好地意识旅游地环境状况后果对自己福祉产生潜在的影响。因此利己价值观对“人地关系认知”和“非人类中心主义”两种环境世界观均有正面影响，从而对环保行为产生间接作用。

（3）因果链“环境世界观→环境道德规范→环保行为（激进环保行为及行为意愿与保守环保行为及行为意愿）”在四个区域均成立，而且均表现出积极影响关系。此结果说明，环境世界观通过激活环境道德规范驱动环境行为的作用机理存在普遍性规律，不受地理空间距离和区域经济水平影响。

5.3 景观对游客保护旅游地环境行为驱动机制及不同景观类型旅游地比较分析

5.3.1 游客景观体验认知对保护旅游地环境行为及行为意愿影响基准模型检验

青城山、都江堰与九寨沟均有文化景观和自然景观元素，但是资源特色不同。青城山是前山道教文化景观与后山自然景观并重的旅游地；都江堰是以治水文化景观为主、自然景观为辅的旅游地；九寨沟是以自然山水景观为主、藏传佛教文化为辅的旅游地。不同类型旅游地游客文化与自然景观体验认知对其实施保守和激进环保行为的驱动机制是否存在差异，需要通过对各个区域的样本进行跨群组分析的理论模型进行验证，并在此基础上对不同群体的路径进一步比较分析、总结规律。

检验游客景观体验认知对保护旅游地环境行为影响概念模型是否达到基准模型要求，从模型与数据拟合情况来看，模型未达到显著水平（表 5-13），但 x^2/df、RMR、RMSEA、NFI、RFI 等指标均达到标准，因此认为模型与数据拟合情况尚可接受，此概念模型对青城山、都江堰、九寨沟游客数据均适用。

表 5-13　游客景观体验认知对保护旅游地环境行为及行为意愿影响基准模型拟合指数（$N_{游客}$=1142）

适配度	标准		基准模型
绝对适配度	x^2值	p>0. 050	0. 173
	x^2/df	<3. 000	1. 659
	RMR	<0. 050	0. 002
	RMSEA	<0. 080	0. 024
增值适配度	NFI	>0. 900	0. 805
	RFI	>0. 900	0. 999
	IFI	>0. 900	0. 985
	TLI	>0. 900	0. 994
	CFI	>0. 900	0. 999
简约适配度	PGFI	>0. 500	0. 468
	PNFI	>0. 500	0. 446
	PCFI	>0. 500	0. 498

5. 3. 2　游客景观体验认知对保护旅游地环境行为及行为意愿影响模型内在质量检验

在路径分析输出报表中，青城山、都江堰、九寨沟协方差矩阵对角线数值均大于同列其他数值，说明三个样本数据内部一致性均佳（表 5-14）。

表 5-14　游客景观体验认知对保护旅游地环境行为及行为意愿影响模型协方差矩阵

（$N_{青城山游客}=348$，$N_{都江堰游客}=323$，$N_{九寨沟游客}=471$）

（a）青城山					
	CE-N	CE-C	EA	TCB-G	TCB-A
CE-N	0. 394	—	—	—	—
CE-C	0. 226	0. 420	—	—	—
EA	0. 200	0. 276	0. 550	—	—
TCB-G	0. 284	0. 246	0. 244	0. 265	—
TCB-A	0. 169	0. 198	0. 214	0. 161	0. 560
（b）都江堰					
	CE-N	CE-C	EA	TCB-G	TCB-A
CE-N	0. 370	—	—	—	—
CE-C	0. 241	0. 389	—	—	—
EA	0. 247	0. 285	0. 641	—	—
TCB-G	0. 288	0. 262	0. 308	0. 293	—
TCB-A	0. 145	0. 196	0. 238	0. 161	0. 600
（c）九寨沟					
	CE-N	CE-C	EA	TCB-G	TCB-A
CE-N	0. 161	—	—	—	—
CE-C	0. 152	0. 401	—	—	—
EA	0. 097	0. 169	0. 542	—	—
TCB-G	0. 132	0. 195	0. 181	0. 177	—
TCB-A	0. 108	0. 166	0. 094	0. 108	0. 575

注：CE-N＝自然景观体验认知；CE-C＝文化景观体验认知；EA＝环保情感；TCB-G＝保守环保行为及行为意愿；TCB-A＝激进环保行为及行为意愿。

5. 3. 3　游客景观体验认知对保护旅游地环境行为及行为意愿影响模型假设检验与不同景观类型案例地比较分析

1. 游客景观体验认知对保护旅游地环境行为及行为意愿影响模型假设检验与分析

在三个案例地中，所有的协方差与方差均达到显著水平，回归权重除都江堰“自然景观体验认知→激进环保行为及行为意愿”和九寨沟“环保情感→激进环保行为及行为意愿”未达到显著水平外，其余均显著（表 5-15）。因此，除都江堰研究假设 H14（b）和九寨沟 H15（b）不成立外，其余研究假设在三个案例地均成立（图 5-2）。

表 5-15　游客景观体验认知对保护旅游地环境行为及行为意愿影响模型路径分析

（$N_{青城山游客}=348$，$N_{都江堰游客}=323$，$N_{九寨沟游客}=471$）

区域		Estimate	S. E.	C. R. (*t*)	*p*	Path
青城山	路径					
	自然景观体验认知→环保情感	0. 189	0. 060	9. 298	**	接受
	文化景观体验认知→环保情感	0. 556	0. 062	3. 058	**	接受
	文化景观体验认知→激进环保行为及行为意愿	0. 235	0. 074	10. 768	***	接受
	文化景观体验认知→保守环保行为及行为意愿	0. 203	0. 018	3. 181	***	接受
	自然景观体验认知→激进环保行为及行为意愿	0. 191	0. 069	29. 943	**	接受
	自然景观体验认知→保守环保行为及行为意愿	0. 528	0. 018	9. 881	***	接受
	环保情感→激进环保行为及行为意愿	0. 202	0. 059	3. 410	***	接受
	环保情感→保守环保行为及行为意愿	0. 150	0. 015	9. 881	***	接受
	协方差					
	文化景观体验认知↔自然景观体验认知	0. 226	0. 025	9. 034	***	—
	方差					
	文化景观体验认知	0. 420	0. 032	13. 155	***	—
	自然景观体验认知	0. 394	0. 030	13. 155	***	—
	R_1	0. 359	0. 027	13. 155	***	—
	R_2	0. 438	0. 033	13. 155	***	—
	R_3	0. 029	0. 002	13. 155	***	—

续 表

区域		Estimate	S. E.	C. R. (*t*)	*p*	Path
都江堰	路径					
	自然景观体验认知→环保情感	0. 321	0. 076	4. 237	***	接受
	文化景观体验认知→环保情感	0. 533	0. 074	7. 209	***	接受
	文化景观体验认知→激进环保行为及行为意愿	0. 326	0. 086	3. 788	***	接受
	文化景观体验认知→保守环保行为及行为意愿	0. 222	0. 022	10. 124	***	接受
	自然景观体验认知→激进环保行为及行为意愿	0. 037	0. 084	0. 435	0. 664	拒绝
	自然景观体验认知→保守环保行为及行为意愿	0. 512	0. 021	23. 896	***	接受
	环保情感→激进环保行为及行为意愿	0. 212	. 060	3. 520	***	接受
	环保情感→保守环保行为及行为意愿	0. 185	0. 015	12. 049	***	接受
	协方差					
	文化景观体验认知↔自然景观体验认知	0. 241	0. 025	9. 607	***	—
	方差					
	文化景观体验认知	0. 389	0. 031	12. 692	***	—
	自然景观体验认知	0. 370	0. 029	12. 692	***	—
	R_1	0. 410	0. 032	12. 692	***	—
	R_2	0. 483	0. 038	12. 692	***	—
	R_3	0. 031	0. 002	12. 692	***	—
九寨沟	路径					
	自然景观体验认知→环保情感	0. 299	0. 062	4. 847	***	接受
	文化景观体验认知→环保情感	0. 320	0. 097	3. 281	**	接受
	文化景观体验认知→激进环保行为及行为意愿	0. 243	0. 065	3. 741	***	接受

续　表

区域		Estimate	S. E.	C. R. (t)	p	Path
九寨沟	文化景观体验认知→保守环保行为及行为意愿	0. 221	0. 018	12. 485	***	接受
	自然景观体验认知→激进环保行为及行为意愿	0. 426	0. 101	4. 205	***	接受
	自然景观体验认知→保守环保行为及行为意愿	0. 505	. 028	18. 312	***	接受
	环保情感→激进环保行为及行为意愿	0. 021	0. 047	0. 448	0. 654	拒绝
	环保情感→保守环保行为及行为意愿	0. 176	0. 013	13. 603	***	接受
	协方差					
	文化景观体验认知↔自然景观体验认知	0. 152	0. 014	11. 140	***	—
	方差					
	文化景观体验认知	0. 401	0. 026	15. 326	***	—
	自然景观体验认知	0. 161	0. 011	15. 326	***	—
	R_1	0. 460	0. 030	15. 326	***	—
	R_2	0. 487	0. 032	15. 326	***	—
	R_3	0. 036	0. 002	15. 326	***	—

注：*** $p<0.001$，** $p<0.01$

在青城山案例地中所有研究假设 H12（a）、H12（b）、H13（a）、H13（b）、H14（a）、H14（b）、H15（a）、H15（b）均成立，且各路径系数均为正（图 5-2a），说明文化景观体验认知、自然景观体验认知、环保情感对游客保护旅游地环境行为及行为意愿有着显著的正向影响。其中，文化景观体验认知与自然景观体验认知对保守环保行为及行为意愿的直接作用和总作用均大于对激进环保行为及行为意愿的直接作用和总作用（图 5-2a，表 5-16）。文化景观体验认知对激进环保行为及行为意愿产生的直接作用（路径系数 0. 203）大于自然景观体验认知对激进环保行为及行为意愿的直接影响（路径系数 0. 160）。在对保守环保行为及行为意愿的直接作用方面，文化景观体验认知的作用（路径系数 0. 225）小于自然景观体验认知（路径系数 0. 644）。所有因素可以解释保守环保行为及行为意愿变异的 89. 200%，解释激进环保行为及行为意愿变异的 21. 800%。

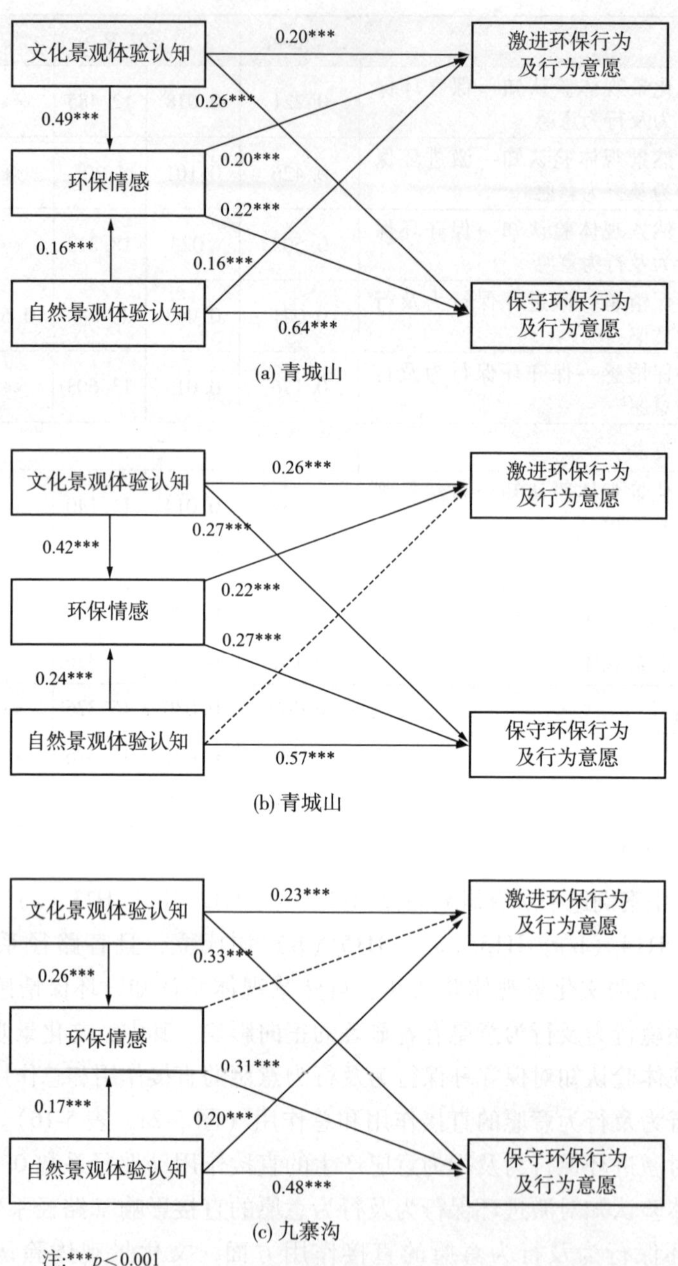

图 5-2　游客景观体验认知对保护旅游地环境行为及行为意愿影响模型路径分析结果
（$N_{青城山游客}=348$，$N_{都江堰游客}=323$，$N_{九寨沟游客}=471$）

表 5-16　各因素对游客保护旅游地环境行为及行为意愿的作用（$N_{游客}=1142$）

作用性质	影响因素	保守环保行为及行为意愿			激进环保行为及行为意愿		
		青城山	都江堰	九寨沟	青城山	都江堰	九寨沟
直接作用	文化景观体验认知	0.255	0.265	0.332	0.203	0.263	0.225
	自然景观体验认知	0.644	0.575	0.481	0.160	—	0.203
	环保情感	0.216	0.273	0.307	0.201	0.219	—
间接作用	文化景观体验认知	0.105	0.113	0.079	0.097	0.091	—
	自然景观体验认知	0.034	0.067	0.053	0.032	0.054	—
	环保情感	—	—	—	—	—	—
总作用	文化景观体验认知	0.360	0.378	0.411	0.300	0.354	0.225
	自然景观体验认知	0.679	0.641	0.534	0.192	0.091	0.203
	环保情感	0.216	0.273	0.307	0.201	0.054	0.310
R^2	所有影响因素	0.892	0.894	0.797	0.218	0.200	0.154

在都江堰模型中，除 H14（b）其余研究假设均成立且为正向关系（图 5-2b）。游客文化景观体验认知对保守环保行为及行为意愿的直接影响与总影响均大于其对激进环保行为及行为意愿的直接影响和总影响（图 5-2b，表 5-16）。游客自然景观体验认知对保守环保行为及行为意愿有着直接的显著影响，路径系数较大（0.575）；与激进环保行为及行为意愿无直接因果关系，同时自然景观体验认知对保守环保行为及行为意愿的总影响远大于对激进环保行为及行为意愿的总影响（图 5-2b、表 5-16）。与文化景观体验认知相比，自然环境认知对保守环保行为及行为意愿的直接影响更大（前者路径系数为 0.265，后者为 0.575）。所有因素可以解释保守环保行为及行为意愿变异的 89.400%，解释激进环保行为及行为意愿变异的 20.000%。

在九寨沟案例地中除研究假设 H15（b）外，所有研究假设均成立且各路径系数均为正（图 5-2c），说明文化景观体验认知、自然景观体验认知与环保情感对游客环保行为及行为意愿有着显著的正向影响。其中，文化景观体验认知和自然景观体验认知对保守环保行为及行为意愿的直接影响与总影响均大于对激进环保行为及行为意愿的直接影响与总影响（图 5-2c，表 5-16）。文化景观体验认知对激进环保行为及行为意愿的直接影响（路径系数 0.225）大于自然景观体验认知产生的直接影响（路径系数 0.203）；文化景观体验认知对保守环保行为及行为意愿的直接影响（路径系数 0. 332）小于自然景观体验认知产生的直接影响（路径系数 0. 431）。所有因素可以解释保守环保行为及行为意愿变异的 79. 700%，解释激进环保行为及行为意愿变异的 15. 400%。

2. 游客景观体验认知对保护旅游地环境行为影响模型路径比较分析

根据研究重点，选取文化景观体验认知和自然景观体验认知因素对其保护旅游地环境行为的影响机理进行不同群体比较分析。文化景观体验认知对激进环保行为及行为意愿的总影响强度在三个案例地中表现为：都江堰>青城山>九寨沟（表 5-16）。都江堰与青城山为世界文化遗产，文化景观价值要高于九寨沟藏传佛教文化。由于游客文化景观体验认知主要由一系列旅游活动产生，同时游客常将出资保护遗产地资源与保护遗产地环境概念等同，因此与九寨沟相比，都江堰与青城山游客的文化景观体验认知对“我愿意捐款帮助景区保护环境”和“我愿意捐款帮助景区防治自然灾害”等激进环保行为及行为意愿有着较大的影响力。都江堰是世界水利奇迹、国人的骄傲，游客对都江堰治水文化略知一二，经过旅游活动可以进一步加深对都江堰调洪原理的认知，但是大多数游客却无法从旅游活动中对青城山的道教文化加深认知。由于游客对文化景观的体验可以产生保护遗产的教育意义，又由于不同文化遗产的稀有性不一样，所以都江堰游客文化景观体验认知对激进环保行为及行为意愿的影响强度大于青城山。

文化景观体验认知对保守环保行为及行为意愿的总影响强度在三个案例地中表现为：九寨沟>都江堰>青城山（表 5-16）。虽然九寨沟的文化景观价值逊于都江堰、青城山，但是游客文化景观体验认知的深度、广度水平高。这是因为，绝大部分游客会乘坐免费观光车到达核心景区，在乘车期间导游会对九寨沟的文化民俗（藏传佛教）和自然景观做介绍，同时游客可以深入藏族村寨，与藏民交谈了解藏族文化、体验藏民生活，而藏族苯教文化的生态伦理认为“神山圣水不容侵犯，山水草木皆有神灵依附，人类不能随意打扰他们”（才让，1999），因此九寨沟游客文化景观体验认知对合理处理旅行垃圾、爱护动植物、遵守环境法规等保守环保行为及行为意愿有着较强的影响。都江堰水利工程有着 2000 年的历史，是当之无愧的符合人地关系理论的生态工程，人们本着对古人智慧的崇拜和对遗产的珍惜会对自己的行为加以注意。但是，游客在无导游讲解和不清楚都江堰设计原理的情况下很难对治水文化产生深度体验认知（王昕，2002），因此生态工程对游客的环境教育功能相对弱化，都江堰游客文化景观体验认知对保守环保行为及行为意愿的影响小于九寨沟。青城山道教文化名扬中外，但是在无深厚道教知识基础和导游解说的情况下，多数游客是无法仅仅从道教建筑、道教科仪中体验道教文化的真谛（如道法自然、天人合一等），因此相较之下，青城山游客的文化景观体验认知更加抽象和肤浅，青城山游客文化景观体验认知对保守环保行为及行为意愿的影响最小。

自然景观体验认知对保守环保行为及行为意愿的总影响强度在三个案例地中表现为：青城山>都江堰>九寨沟（表 5-16）。干净、整洁、美丽的生态环境对个体不良环境行为（如乱扔垃圾等）具有约束性，刘如菲（2010）、王琪延等（2012）的研究也证明，环境质量与环境行为（或行为意愿）有正向关系，所以青城山游客自然景观体验认知对保守环保行为及行为意愿作用大于都江堰。虽然在三个案例地中，九寨沟的自然景观质量、美学价值以及自然景观的稀有性、独特性最高，但是鬼斧神工的自然景观和特有的高山生物资源在引起游客好奇心的同时也勾起了游客进一步与自然接触的愿望，因此越位游览、践踏苔藓植被、攀爬古树、采摘花果、喂食高山冷水鱼等不良环境行为时有发生；团队调研期间正值旅游高峰期，主要游览栈道游客密度较大，拥挤现象严重，有些游客未走到垃圾回收处就将垃圾随地乱扔，所以九寨沟游客自然景观体验认知对保守环保行为及行为意愿的影响强度在三个案例地最弱。

自然景观体验认知对激进环保行为及行为意愿的总影响强度在三个案例地中表现为：九寨沟>青城山>都江堰（表 5-16）。众所周知，在干净、整洁、美丽的生态环境中，人们会更加注意自己的行为（刘如菲，2010；王琪延 等，2012），随地吐痰、乱扔垃圾的现象也较少，遇到他人不文明的行为或许会去劝阻，同时由于自己在美好的环境中得到审美、休闲和享受，因此更加乐意出资（在个体可承受的范围内）维护这种环境状态。相反，在脏、乱、差的环境中，人们会对自己和他人的行为要求放松很多，同时也不太愿意在这种环境上花费精力和财力（如果与自己的利益、福祉联系不大）。九寨沟有着独特的自然景观和高质量的生态环境，被誉为“童话世界”“人间仙境”，游客旅行体验的主体是自然景观（唐文跃，2007），因此与青城山、都江堰相比，九寨沟游客自然景观体验认知对经济环保和劝阻他人不良环境行为的意愿影响作用更强。青城山自然景观与生态环境质量比都江堰的高，青城山游客自然景观体验认知对激进环保行为及行为意愿的影响强度大于都江堰游客，符合上述逻辑。

第6章 居民与游客保护旅游地环境行为比较分析

由于居民与游客样本数量差异较大（居民642份，游客1142份）①，为了便于对居民与游客样本进行比较分析，本书利用SPSS软件在1142份游客问卷中随机抽取650份进行研究（经检验抽中的650份问卷与未抽中的问卷各自相应的测量指标间无显著性差异，$p>0.050$）。首先比较分析居民与游客价值观、环境世界观、灾害后果认知（自然灾害会毁坏这里的景观与设施RCDC3/TCDC1）、环保道德规范（我有责任保护这里的环境EN3）、环保行为（我愿意捐款帮助景区防治自然灾害RCB2/TCB5、我愿意捐款帮助景区保护环境RCB3/TCB6、我已做到不乱扔垃圾RCB4/TCB7、我已做到爱护动植物RCB5/TCB8、我已做到节约水电资源RCB6/TCB9）之间的差异，再比较分析各因素对环保行为影响的差异，最后探寻能够同时满足居民和游客两组样本的“保护旅游地环境行为”结构方程模型（具有跨群组效应的结构方程模型）。

6.1 居民与游客保护旅游地环境行为及其影响因素差异比较

如表6-1所示，居民与游客样本各指标均值都较高，多数指标均值都达到中度、高度赞同水平（一般认为小于2.5不赞同，2.5~3.6中立，大于3.6赞同），居民与游客样本多数因子均值及指标标准差较小，说明数据离散程度小。两组数据测量利己价值观的4个指标标准差均大于1，说明数据离散程度较大，这也表现出当今中国人在西方利己主义思潮冲击下，利己主义价值观差异较大。居民与游客样本各指标均值的标准误都很小，说明样本统计量与总体参数值接近，样本对总体而言具有代表性，可以依据样本统计量推断总体

① 因为南岭居民调查问卷题项与九寨沟、青城山-都江堰居民问卷有较大差异，所以居民与游客保护旅游地环境行为比较分析仅选用九寨沟、青城山-都江堰调研数据进行分析。

参数。

游客利他价值观与利己价值观均显著高于居民（表 6-2），主要因为受访居民绝大多数为本地人口，文化水平相对较低（居民中初、高中文化水平占 70%以上，游客中具有大学及以上文凭的占 60%以上），再加上受到市场经济的影响，受访居民团队精神以及对环境的关注不如文化水平较高的游客群体；由于居民所受的教育比较少，因此传统思想、文化、习俗保留的比较多，故与游客群体相比对钱财、权力等看得比较淡。游客人地关系认知、非人类中心主义、灾害后果认知和保守环保行为及行为意愿因子均值显著高于居民（表 6-2），这主要受居民与游客文化水平差异影响。由于旅游地的生态环境和景观质量与当地居民的利益紧密相关，所以居民更愿意出钱、出力保护景区环境。居民与游客环保道德规范不存在显著性差异，说明在中国文化背景下人们的道德准则是一致的。

表 6-1　居民与游客保护旅游地环境行为及行为意愿影响因素指标均值与标准差

（$N_{居民}=642$，$N_{游客}=650$）

指标	居民			游客		
	均值	标准差	标准误	均值	标准差	标准误
利他价值观均值	4.550	0.422	0.017	4.603	0.474	0.019
V1	4.397	0.769	0.030	4.483	0.717	0.028
V2	4.563	0.560	0.022	4.625	0.608	0.024
V3	4.584	0.590	0.023	4.657	0.569	0.022
V4	4.572	0.661	0.026	4.649	0.625	0.025
V5	4.656	0.575	0.023	4.611	0.679	0.027
V6	4.569	0.653	0.026	4.615	0.628	0.025
V7	4.536	0.629	0.025	4.609	0.639	0.025
V8	4.523	0.637	0.025	4.571	0.636	0.025
利己价值观均值	3.526	0.871	0.034	3.638	0.861	0.034
V9	3.679	1.097	0.043	3.848	1.002	0.039
V10	3.281	1.179	0.047	3.396	1.139	0.045

续 表

指标	居民			游客		
	均值	标准差	标准误	均值	标准差	标准误
V11	3.630	1.017	0.040	3.720	1.012	0.040
V12	3.516	1.146	0.045	3.589	1.143	0.045
人地关系认知均值	4.040	0.708	0.028	4.358	0.603	0.024
EW1	4.212	1.132	0.045	4.519	0.798	0.031
EW3	3.687	1.066	0.042	4.197	0.909	0.036
EW4	4.282	0.865	0.034	4.435	0.738	0.029
EW5	3.979	1.020	0.040	4.279	0.838	0.033
非人类中心主义均值	3.961	0.679	0.027	4.154	0.672	0.026
EW7	3.849	0.941	0.037	4.030	0.967	0.038
EW8	3.502	1.067	0.042	3.801	1.062	0.042
EW9	4.159	0.856	0.034	4.369	0.766	0.030
EW10	4.336	0.757	0.030	4.416	0.768	0.030
灾害后果认知：RCDC3/TCDC1	4.109	0.897	0.035	4.359	0.732	0.029
环保道德规范：EN3	4.475	0.566	0.022	4.458	0.671	0.026
积极环保行为意愿均值	4.008	0.817	0.032	3.902	0.920	0.036
RCB2/TCB5	3.984	0.880	0.035	3.909	0.971	0.038
RCB3/TCB4	4.031	0.856	0.034	3.894	0.969	0.038
保守环保行为及行为意愿均值	4.306	0.556	0.022	4.449	0.548	0.021
RCB4/TCB7	4.352	0.640	0.025	4.489	0.662	0.026
RCB5/TCB8	4.358	0.630	0.025	4.500	0.650	0.026
RCB6/TCB9	4.208	0.681	0.027	4.359	0.732	0.029

表 6-2　居民与游客保护旅游地环境行为及行为意愿影响因素差异性检验

($N_{居民}$ =642，$N_{游客}$ =650)

指标		方差方程的 Levene 检验		均值方程的 t 检验		
		F	Sig.	*t*	Sig.（双侧）	均值差值
利他价值观均值	假设方差相等	0. 897	0. 344	−2. 112	0. 035	−0. 053
	假设方差不相等	—	—	−2. 113	0. 035	−0. 053
V1	假设方差相等	2. 504	0. 114	−2. 084	0. 037	−0. 086
	假设方差不相等	—	—	−2. 083	0. 037	−0. 086
V2	假设方差相等	0. 474	0. 491	−1. 905	0. 057	−0. 062
	假设方差不相等	—	—	−1. 906	0. 057	−0. 062
V3	假设方差相等	5. 663	0. 017	−2. 282	0. 023	−0. 074
	假设方差不相等	—	—	−2. 282	0. 023	−0. 074
V4	假设方差相等	4. 677	0. 031	−2. 152	0. 032	−0. 077
	假设方差不相等	—	—	−2. 151	0. 032	−0. 077
V5	假设方差相等	6. 231	0. 013	1. 259	0. 208	0. 044
	假设方差不相等	—	—	1. 260	0. 208	0. 044
V6	假设方差相等	1. 898	0. 169	−1. 292	0. 197	−0. 046
	假设方差不相等	—	—	−1. 291	0. 197	−0. 046
V7	假设方差相等	1. 680	0. 195	−2. 074	0. 038	−0. 073
	假设方差不相等	—	—	−2. 075	0. 038	−0. 073
V8	假设方差相等	0. 081	0. 775	−1. 363	0. 173	−0. 048
	假设方差不相等	—	—	−1. 363	0. 173	−0. 048
利己价值观均值	假设方差相等	0. 593	0. 441	−2. 323	0. 020	−0. 112
	假设方差不相等	—	—	−2. 323	0. 020	−0. 112
V9	假设方差相等	15. 582	0. 000	−2. 898	0. 004	−0. 169
	假设方差不相等	—	—	−2. 897	0. 004	−0. 169
V10	假设方差相等	1. 203	0. 273	−1. 784	0. 075	−0. 115
	假设方差不相等	—	—	−1. 784	0. 075	−0. 115

续 表

指标		方差方程的 Levene 检验		均值方程的 t 检验		
		F	Sig.	*t*	Sig.（双侧）	均值差值
V11	假设方差相等	0. 691	0. 406	−1. 602	0. 109	−0. 090
	假设方差不相等	—	—	−1. 602	0. 109	−0. 090
V12	假设方差相等	0. 731	0. 393	−1. 143	0. 253	−0. 072
	假设方差不相等	—	—	−1. 143	0. 253	−0. 073
人地关系认知均值	假设方差相等	9. 208	0. 002	−8. 681	0. 000	−0. 317
	假设方差不相等	—	—	−8. 673	0. 000	−0. 317
EW1	假设方差相等	38. 527	0. 000	−5. 640	0. 000	−0. 307
	假设方差不相等	—	—	−5. 628	0. 000	−0. 307
EW3	假设方差相等	16. 078	0. 000	−9. 257	0. 000	−0. 510
	假设方差不相等	—	—	−9. 248	0. 000	−0. 510
EW4	假设方差相等	2. 290	0. 130	−3. 408	0. 001	−0. 152
	假设方差不相等	—	—	−3. 404	0. 001	−0. 152
EW5	假设方差相等	3. 176	0. 075	−5. 778	0. 000	−0. 300
	假设方差不相等	—	—	−5. 771	0. 000	−0. 300
非人类中心主义均值	假设方差相等	0. 111	0. 739	−5. 120	0. 000	−0. 192
	假设方差不相等	—	—	−5. 120	0. 000	−0. 192
EW7	假设方差相等	0. 028	0. 867	−3. 399	0. 001	−0. 180
	假设方差不相等	—	—	−3. 400	0. 001	−0. 180
EW8	假设方差相等	0. 669	0. 414	−5. 063	0. 000	−0. 300
	假设方差不相等	—	—	−5. 063	0. 000	−0. 300
EW9	假设方差相等	0. 001	0. 977	−4. 642	0. 000	−0. 300
	假设方差不相等	—	—	−4. 638	0. 000	−0. 210
EW10	假设方差相等	1. 042	0. 308	−1. 876	0. 061	−0. 080
	假设方差不相等	—	—	−1. 876	0. 061	−0. 080

续　表

指标		方差方程的 Levene 检验		均值方程的 t 检验		
		F	Sig.	*t*	Sig.（双侧）	均值差值
灾害后果认知：RCDC3/TCDC1	假设方差相等	1.097	0.295	-5.497	0.000	-0.250
	假设方差不相等	—	—	-5.490	0.000	-0.250
环保道德规范：EN3	假设方差相等	13.826	0.000	0.479	0.632	0.017
	假设方差不相等	—	—	0.480	0.632	0.017
积极环保行为意愿均值	假设方差相等	17.368	0.000	2.194	0.028	0.106
	假设方差不相等	—	—	2.195	0.028	0.106
RCB 2/TCB5	假设方差相等	15.302	0.000	1.454	0.146	0.075
	假设方差不相等	—	—	1.455	0.146	0.075
RCB 3/TCB4	假设方差相等	20.215	0.000	2.703	0.007	0.138
	假设方差不相等	—	—	2.705	0.007	0.138
保守环保行为及行为意愿均值	假设方差相等	0.209	0.648	-4.659	0.000	-0.143
	假设方差不相等	—	—	-4.659	0.000	-0.143
RCB4/TCB7	假设方差相等	1.379	0.241	-3.771	0.000	-0.137
	假设方差不相等	—	—	-3.772	0.000	-0.137
RCB5/TCB8	假设方差相等	2.341	0.126	-3.968	0.000	-0.142
	假设方差不相等	—	—	-3.969	0.000	-0.142
RCB6/TCB9	假设方差相等	8.098	0.005	-3.837	0.000	-0.151
	假设方差不相等	—	—	-3.838	0.000	-0.151

6.2 居民与游客保护旅游地环境行为及行为意愿回归分析比较

利他价值观、利己价值观、人地关系认知、非人类中心主义、灾害后果认知（RCDC3/TCDC1）和环保道德规范（EN3）6 个自变量在模型 1、模型 2 中的 *VIF* 值在 1~2 之间，不大于评价指标 10，表示进入回归方程的自变量间共线性的问题不明显（表6-3）。在模型 1 居民样本中的 6 个自变量共可解释激进环保行为及行为意愿 10.600%的变异，回归模型变异量 *F* 值为 12.594，卡方值显著性概率值 $p<0.050$ 显著水平，回归模型整体解释变异达到显著水平。居民利他价值观、非人类中心主义和环保道德规范（EN3）对积极环保行为意愿在 $p<0.050$ 水平均有显著正面影响（表 6-3）。在模型 2 游客样本中的 6 个自变量共可解释保守环保行为及行为意愿 13.400%的变异，回归模型变异量 *F* 值为 16.047，卡方值显著性概率值 $p<0.050$ 显著水平，回归模型整体解释变异达到显著水平。游客灾害后果认知（RCDC3/TCDC1）和环保道德规范（EN3）对积极环保行为意愿在 $p<0.050$ 水平均有显著正面影响（表6-3）。从模型 1 和模型 2 对比来看，利他价值观仅对居民“捐款防治景区自然灾害和保护景区环境”的激进环保行为及行为意愿有直接影响，这在游客样本中没有明显作用；利己价值观对居民与游客积极环保行为意愿均无直接影响；环境世界观（NEP 量表）又可称为环境价值观，仅有“非人类中心主义”维度对居民上述经济环保意愿有直接影响，而对游客却无影响；“人地关系认知”维度对居民与游客积极环保行为意愿均无直接影响；由于游客到旅游地的目的是观光、休闲、享受等，旅游地的景观品质和生态环境质量直接会影响到游客的利益，因此游客感知到自然灾害会给旅游地景观、环境带来的负面后果可以直接影响其经济环保行为（如捐款）；但是居民对灾害带来的景观和环境破坏后果认知未能直接激发其实施捐款防治景区自然灾害和捐款保护景区环境。“我有责任保护这里的环境”的环保道德规范对居民和游客的积极环保行为意愿均有直接影响。

表 6-3 因变量为积极环保行为意愿回归分析（$N_{居民}=642$，$N_{游客}=650$）

模型 1——居民（样本量：642）					
	非标准化系数	标准化系数	*p*	容差	*VIF*
（常量）	1.164	—	0.001	—	—
利他价值观	0.233	0.120	0.007	0.708	1.413
利己价值观	0.019	0.020	0.607	0.934	1.071
人地关系认知	0.002	0.002	0.973	0.691	1.447
非人类中心主义	0.126	0.104	0.020	0.702	1.425
灾害后果认知（RCDC3/TCDC1）	−0.034	−0.038	0.358	0.834	1.200
环保道德规范（EN3）	0.303	0.210	0.000	0.768	1.303
$R^2=0.106$，Durbin-Watson=2.001，$F=12.594$，$p=0.000$					

续　表

模型 2——游客（样本量：650）					
	非标准化系数	标准化系数	p	容差	VIF
（常量）	1.070	—	0.004	—	—
利他价值观	0.072	0.037	0.414	0.653	1.532
利己价值观	0.076	0.071	0.059	0.959	1.043
人地关系认知	-0.026	-0.017	0.718	0.596	1.677
非人类中心主义	-0.028	-0.021	0.643	0.684	1.461
灾害后果认知（RCDC3/TCDC1）	0.207	0.165	0.000	0.818	1.222
环保道德规范（EN3）	0.348	0.254	0.000	0.770	1.298
R^2=0.134，Durbin-Watson=1.817，F=16.047，p=0.000					

利他价值观、利己价值观、人地关系认知、非人类中心主义、灾害后果认知（RCDC3/TCDC1）和环保道德规范（EN3）的 6 个自变量在模型 3 居民样本中可以解释“保守环保行为及行为意愿”17.300%的变异，回归模型变异量 F 值为 22.214，卡方值显著性概率值 $p<0.050$ 显著水平，回归模型整体解释变异达到显著水平。居民利他价值观、人地关系认知、非人类中心主义和环保道德规范（EN3）对保守环保行为及行为意愿在 $p<0.050$ 水平有着显著的正面影响（表 6-4）。在模型 4 游客样本中的 6 个自变量可以解释“保守环保行为及行为意愿”69.200%的变异，回归模型变异量卡方值显著性概率值 F 值为 241.007，卡方值显著性概率值 $p<0.050$ 显著水平，回归模型整体解释变异达到显著水平。游客利他价值观、人地关系认知、灾害后果认知（RCDC3/TCDC1）和环保道德规范（EN3）对保守环保行为及行为意愿在 $p<0.050$ 水平有着显著正面影响（表 6-4）。由于诸如爱护动植物、合理处理垃圾和节约水电等环保行为很容易做到，不需要付出过多精力、时间和金钱，利他价值观对游客和居民保守环保行为及行为意愿均有直接正面影响，但是利己价值观对居民与游客的保守环保行为及行为意愿均无影响；环境世界观对居民保守环保行为及行为意愿有着直接影响，但是只有“人地关系认知”维度对游客保守环保行为及行为意愿有直接影响；自然灾害会给旅游地景观、环境带来的负面后果认知可以直接激发游客实施保守环保行为及产生行为意愿，但是在居民样本

中无直接作用；环保道德规范（EN3）对居民和游客的保守环保行为及行为意愿均有直接影响。

表 6-4　因变量为保守环保行为及行为意愿回归分析（$N_{居民}=642$，$N_{游客}=650$）

模型 3——居民（样本量：642）					
	非标准化系数	标准化系数	*p*	容差	*VIF*
（常量）	1. 856	—	0. 000	—	—
利他价值观	0. 194	0. 147	0. 001	0. 708	1. 413
利己价值观	−0. 002	−0. 003	0. 947	0. 934	1. 071
人地关系认知	0. 070	0. 089	0. 041	0. 691	1. 447
非人类中心主义	0. 103	0. 126	0. 004	0. 702	1. 425
灾害后果认知（RCDC3/TCDC1）	−0. 047	−0. 076	0. 054	0. 834	1. 200
环保道德规范（EN3）	0. 241	0. 245	0. 000	0. 768	1. 303
$R^2=0.173$，Durbin-Watson＝2. 016，$F=22.214$，$p=0.000$					
模型 4——游客（样本量：650）					
	非标准化系数	标准化系数	*p*	容差	*VIF*
（常量）	0. 572	—	0. 000	—	—
利他价值观	0. 064	0. 055	0. 042	0. 653	1. 532
利己价值观	0. 012	0. 019	0. 398	0. 959	1. 043
人地关系认知	0. 055	0. 061	0. 033	0. 596	1. 677
非人类中心主义	0. 038	0. 047	0. 075	0. 684	1. 461
灾害后果认知（RCDC3/TCDC1）	0. 420	0. 561	0. 000	0. 818	1. 222
环保道德规范（EN3）	0. 294	0. 360	0. 000	0. 770	1. 298
$R^2=0.692$，Durbin-Watson＝1. 960，$F=241.007$，$p=0.000$					

6.3　探寻具有普遍意义的保护旅游地环境行为及行为意愿驱动机制模型

6.3.1　构建居民与游客均适用的概念模型

为寻找具有普遍意义的有中国特色的居民与游客均适用的保护旅游地环境行为及行为意愿驱动机制模型，本书综合第四章和第五章居民、游客环保行为研究结果与本章回归分析结果，提出以下概念模型并进一步验证（图 6-1）。

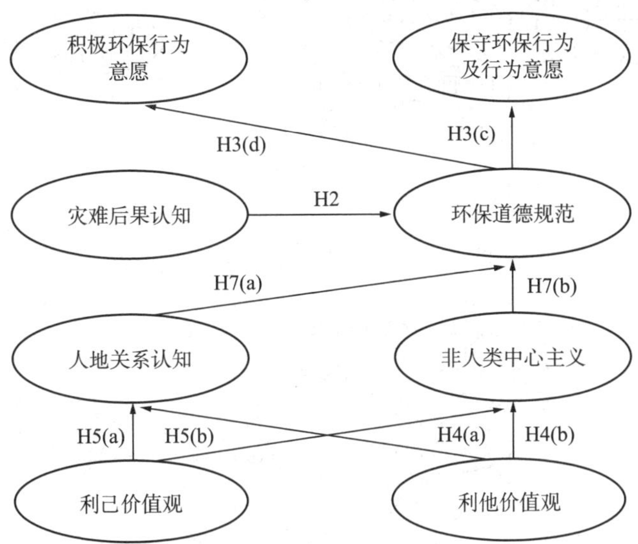

图 6-1　保护旅游地环境行为及行为意愿驱动机制概念模型

按照概念模型图 6-1，多群组结构方程模型无法拟合收敛，因此对理论模型进行修正。去除路径 H2、H6（a）、H6（b）后，多群组结构方程模型可以顺利收敛，6 种模型均成立（模型 1：未受限制模型；模型 2：增列测量系数模型；模型 3：结构系数模型；模型 4：增列结构协方差模型；模型 5：增列结构残差模型；模型 6：增列测量参数模型）。

从模型 1 到模型 6，居民群体与游客群体在非标准化路径图中均没出现负的误差方差（图 6-2、图 6-3、图 6-4、图 6-5、图 6-6、图 6-7），表示模型基本适配度合理。

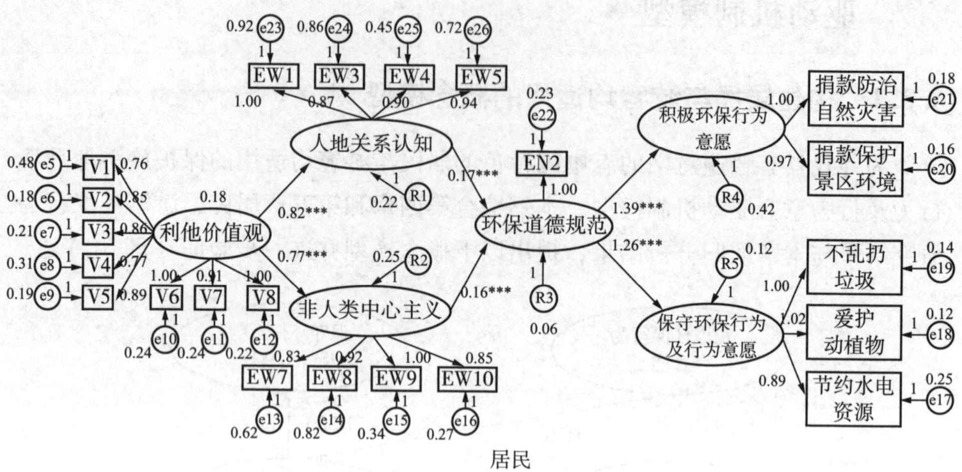

居民

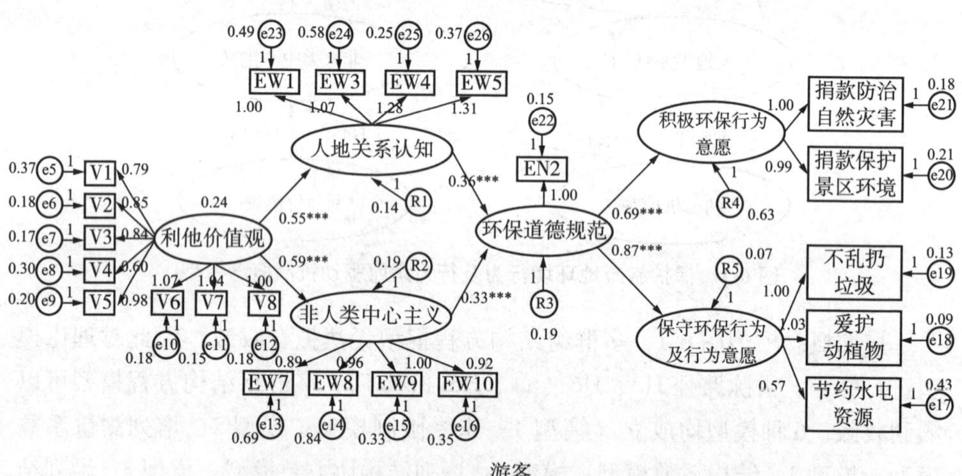

游客

图 6-2 保护旅游地环境行为及行为意愿驱动机制非标准化模型图：模型 1——未受限制模型（$N_{居民}=642$，$N_{游客}=650$）

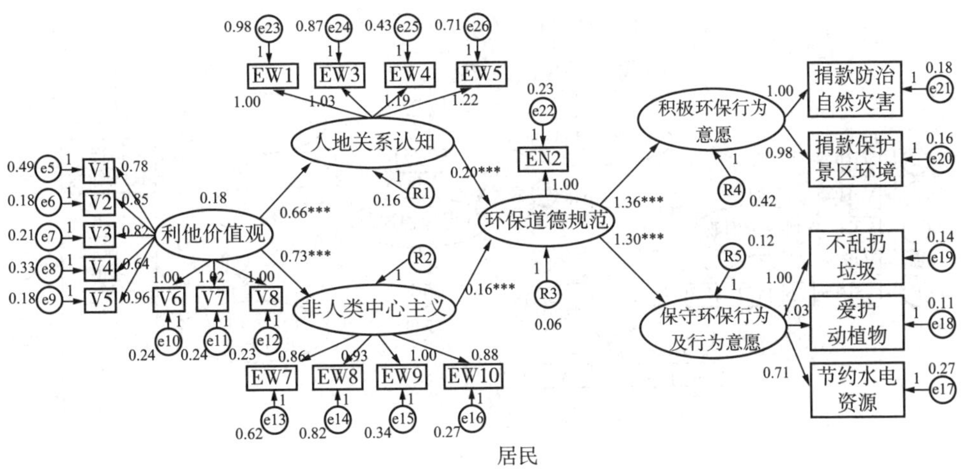

居民

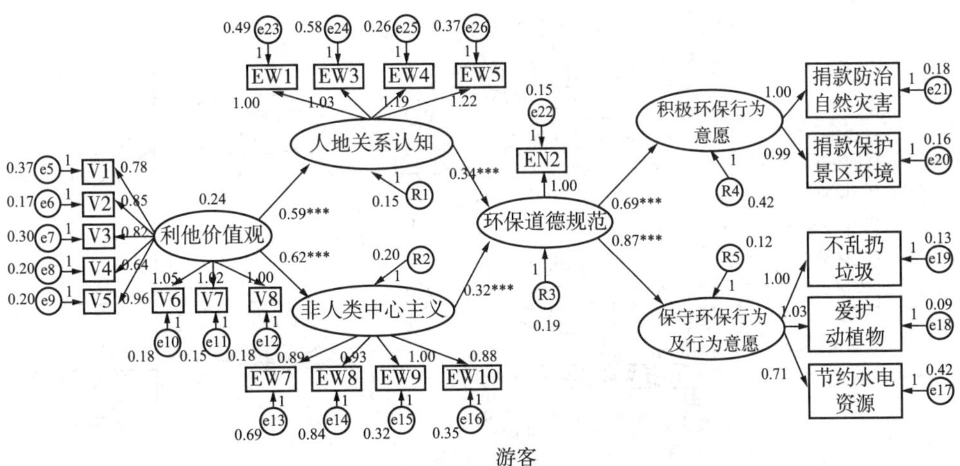

游客

图 6-3　保护旅游地环境行为及行为意愿驱动机制非标准化模型图：
模型 2——增列测量系数模型（$N_{居民}=642$，$N_{游客}=650$）

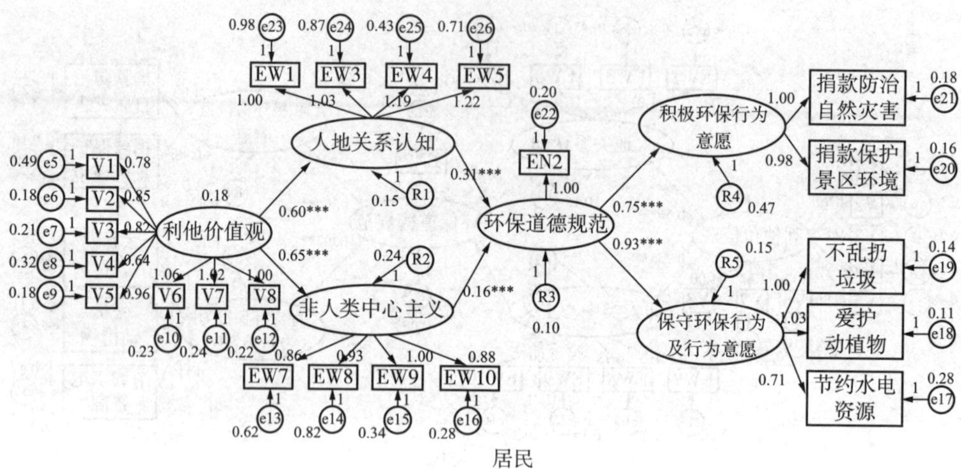

居民

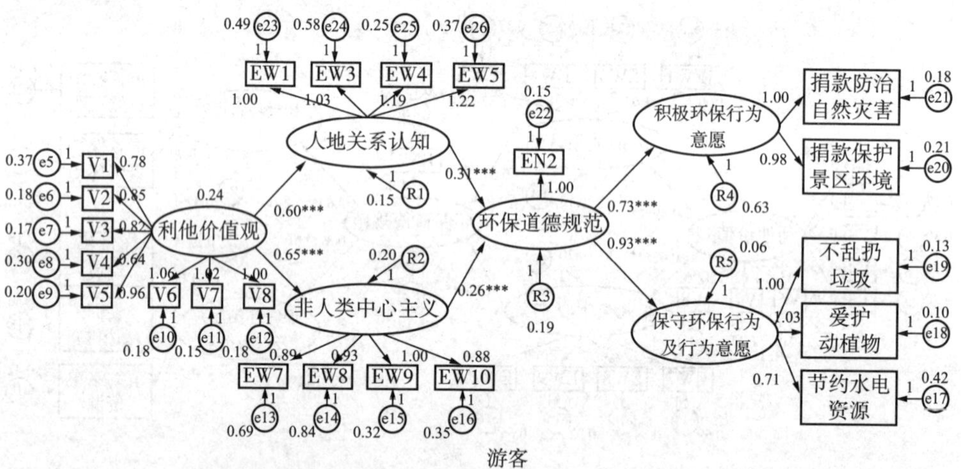

游客

图 6-4　保护旅游地环境行为及行为意愿驱动机制非标准化模型图：模型 3——增列结构系数模型（$N_{居民}=642$，$N_{游客}=650$）

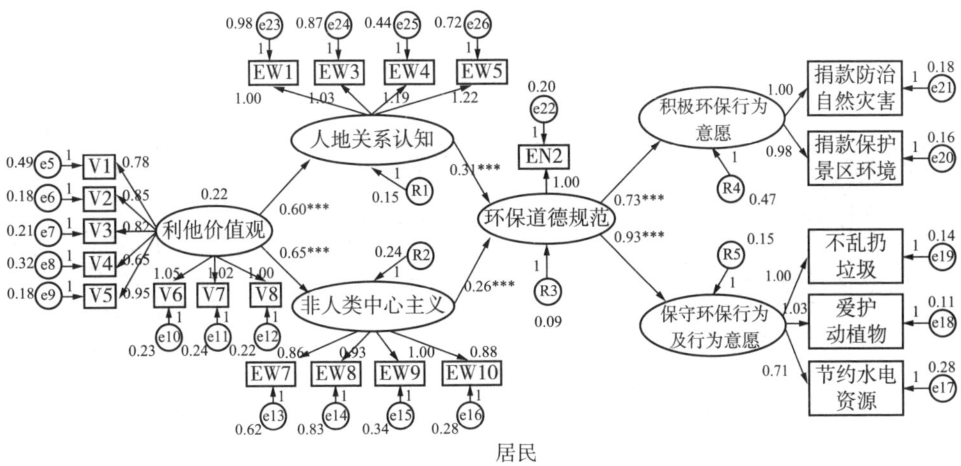

居民

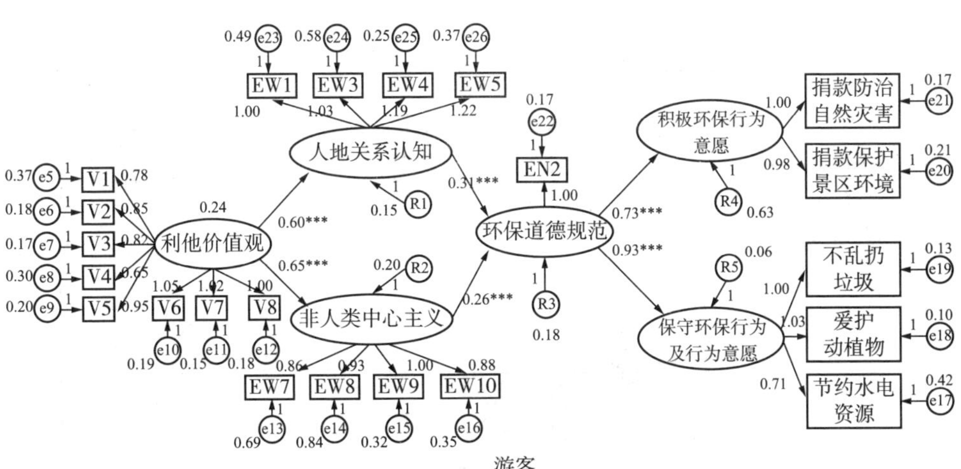

游客

图 6-5　保护旅游地环境行为及行为意愿驱动机制非标准化模型图：模型 4——增列结构协方差模型（$N_{居民}=642$，$N_{游客}=650$）

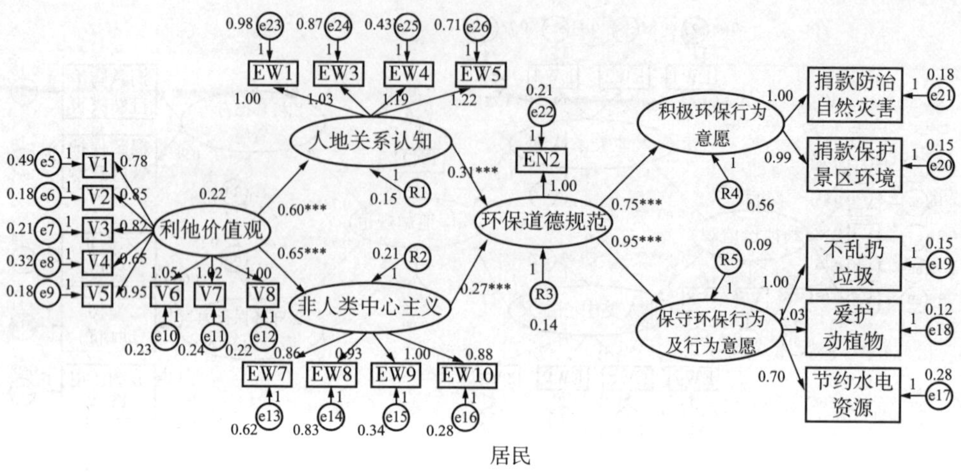

居民

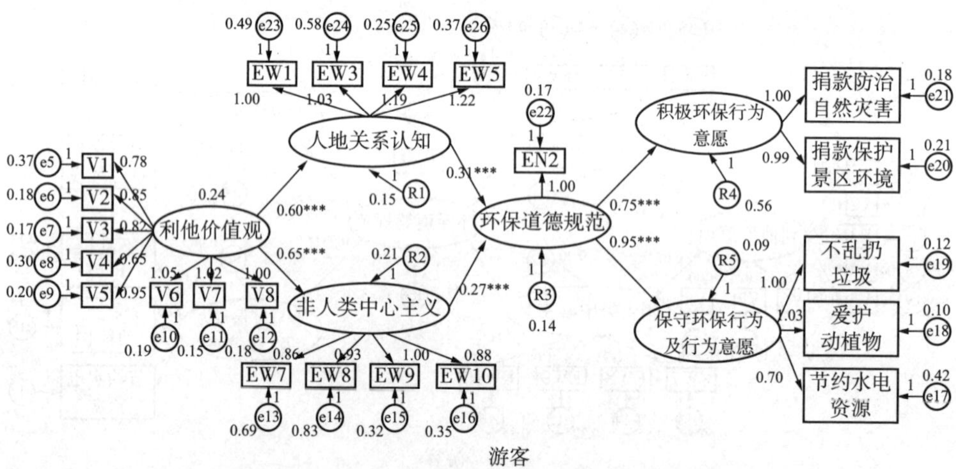

游客

图 6-6　保护旅游地环境行为及行为意愿驱动机制非标准化模型图：
模型 5——增列结构残差模型（$N_{居民}=642$，$N_{游客}=650$）

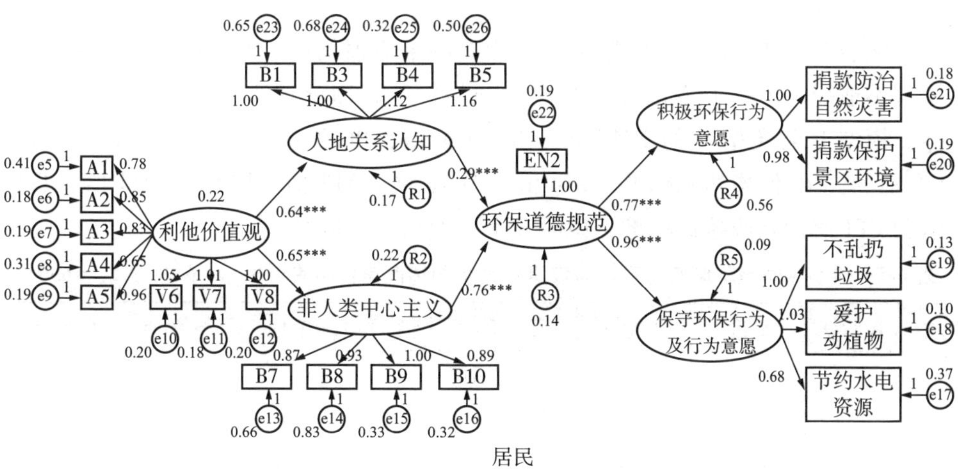

居民

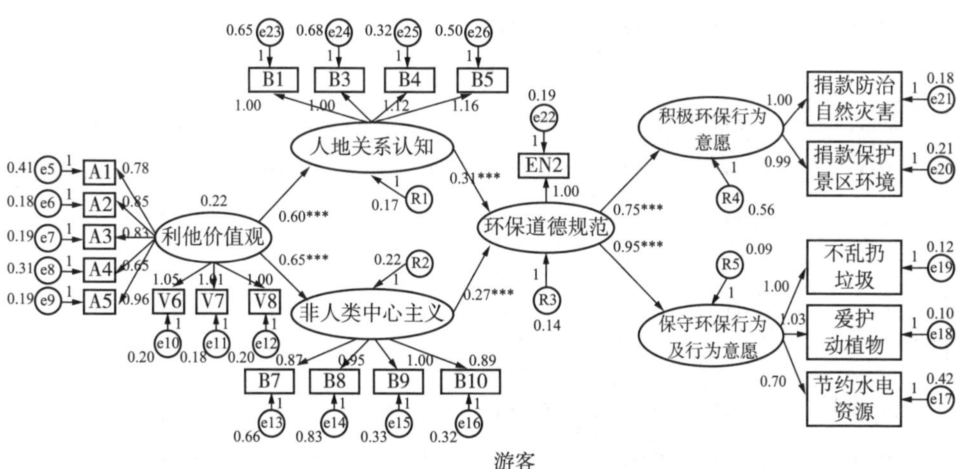

游客

图 6-7　保护旅游地环境行为及行为意愿驱动机制非标准化模型图：模型 6——增列测量参数模型（$N_{居民}=642$，$N_{游客}=650$）

6.3.2 保护旅游地环境行为及行为意愿驱动机制模型与数据适配度检验

从表6-5可以看出，模型1至模型6的卡方值均小于0.050，说明数据与模型不适配，但是卡方值极易受样本数量影响，因此还需要看其他适配度指标。模型1至模型6的RMR值、RMSEA值、PGFI值、PNFI值、PCFI值、CN值、x^2/df值均达到标准，GFI值、AGFI值、NFI值、RFI值、IFI值、TLI值和CFI值达到或接近标准，说明6个模型均可被接受。

表6-5 保护旅游地环境行为及行为意愿驱动机制适配度检验表（$N_{居民}=642$，$N_{游客}=650$）

统计检验量	标准	模型1	模型2	模型3	模型4	模型5	模型6
绝对适配度							
x^2	$p>0.050$	0.000	0.000	0.000	0.000	0.000	0.000
RMR	<0.050	0.047	0.048	0.051	0.051	0.051	0.055
RMSEA	<0.080	0.041	0.041	0.041	0.041	0.041	0.041
GFI	>0.900	0.906	0.904	0.902	0.902	0.900	0.882
AGFI	>0.900	0.884	0.886	0.885	0.885	0.884	0.870
增值适配度指数							
NFI	>0.900	0.877	0.874	0.871	0.871	0.867	0.844
RFI	>0.900	0.860	0.861	0.861	0.860	0.858	0.840
IFI	>0.900	0.904	0.903	0.900	0.900	0.897	0.873
TLI	>0.900	0.891	0.892	0.892	0.891	0.889	0.871
CFI	>0.900	0.904	0.902	0.900	0.900	0.896	0.873
简约适配度							
PGFI	>0.500	0.738	0.761	0.770	0.773	0.778	0.800
PNFI	>0.500	0.771	0.795	0.803	0.806	0.810	0.827
PCFI	>0.500	0.796	0.820	0.830	0.833	0.837	0.856
CN	>200	490	494	491	490	482	428
x^2/df	<5.000	4.011	3.970	3.992	3.997	4.063	4.569
AIC	值越小越好	2554.233	2568.537	2597.038	2606.306	2656.374	3040.740
ECVI	值越小越好	1.434	1.442	1.458	1.463	1.492	1.707

6.3.3　保护旅游地环境行为及行为意愿驱动机制嵌套模型比较

从嵌套模型比较来看模型 1 与模型 2、模型 3、模型 4、模型 5 和模型 6 的 x^2值的差异分别为 52.304、96.805、112.073、172.141、616.507，两个模型的自由度差异值分别为 19、27、30、35 和 65。虽然 x^2差异值均达到 0.050 显著水平，但各个模型的△NFI 值，△IFI 值，△RFI 值，△TLI 值均小于 0.050，表示模型 1 与模型 2、模型 3、模型 4、模型 5 和模型 6 可以视为相等（表 6-6）。由于最严格的模型——模型 6 成立，说明居民与游客样本具有完全相同的结构方程模型，也就是说本书所提出的概念模型具有跨群组效应。

表 6-6　保护旅游地环境行为及行为意愿驱动机制嵌套模型假设模型 1 正确

模型	模型 2	模型 3	模型 4	模型 5	模型 6
ΔDF	19	27	30	35	65
ΔCMIN	52.304	96.805	112.073	172.141	616.507
Δ*p*	0.000	0.000	0.000	0.000	0.000
ΔNFI Delta-1	0.003	0.005	0.006	0.009	0.033
ΔIFI Delta-2	0.003	0.005	0.006	0.010	0.034
ΔRFI Rho-1	−0.001	−0.001	0.000	0.002	0.020
ΔTLI Rho-2	−0.001	−0.001	0.000	0.002	0.020

经研究发现，具有普遍适用性的“保护旅游地环境行为及行为意愿驱动机制模型”如图 6-8。

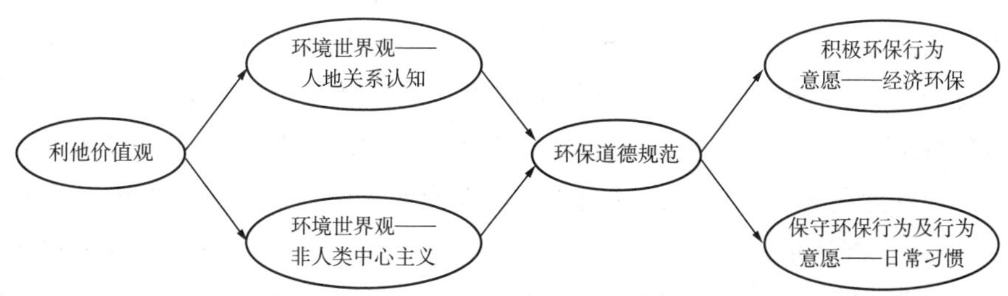

图 6-8　具有普遍意义的保护旅游地环境行为及行为意愿驱动机制模型

第7章　结论与讨论

旅游与环境不可分割，一方面优良的环境为旅游发展提供物质基础，另一方面旅游发展与环境保护又存在着矛盾与冲突。发展旅游业有利于目的地自然资源、环境、野生动植物的保护（Somarriba-Chang et al.，2012；Lee，2013），有利于文化古迹的保护和地域文化的传承与发展，同时以自然资源为基础的旅游业还可以发挥环境教育的功能（Ballantyne et al.，2009；Ballantyne et al.，2011a）。然而旅游活动会对景区地表和土壤带来冲击，干扰动植物正常生长，影响水环境和大气环境质量，影响环境卫生，破坏景观、环境美学价值。本书对居民和游客保护旅游地环境行为驱动路径及影响因素进行分析，并对不同案例地进行比较，以期寻找共性与差异性、探索规律与异常，为旅游地环境管理、可持续发展提出科学建议。

7.1　基于居民保护旅游地环境行为研究的结论与讨论

7.1.1　影响居民保护旅游地环境行为的交互作用因素

旅游地与年龄交互作用对居民日常环保行为有显著影响，主要表现在中青年年龄段（26~35岁和36~45岁年龄段），九寨沟居民诸如爱护动植物等日常环保行为水平显著高于青城山-都江堰居民。旅游地与个人月收入交互作用对日常环保行为、景区生态关注有显著影响。主要表现在除小于1000元和1001~2500元两个收入段外，其余收入段九寨沟居民日常环保行为水平均显著高于青城山-都江堰居民；在2501~4000元、4001~6500元和6501~10000元三个收入段，九寨沟居民景区生态关注行为明显高于青城山-都江堰居民。造成上述结果的原因：一方面，可能是处在该年龄段或收入水平的九寨沟居民信奉藏传佛教的居多，而青城山-都江堰居民中信奉道教的较少，因此受宗教生态文化影响，九寨沟居民日常环保行为或者对景区生态环境关注的水平显著高于青城山-都江堰居民；另一方面，可能因为受访的九寨沟居民文化水平高于青城山-都江堰，因此对环保认识的深度和广度都要高一些，所以实施日常环保行为或关注景区生态环境的行动水平也高一些。

7.1.2　保护和发展博弈下居民生计优化

（1）不同生计方式居民间生计资本变化感知存在显著差异。金融和物质资本的提升是旅游促进社区发展的重要体现（Lee & Jan，2012；Lee，2013；Woo et al.，2018）。南岭案例证明，旅游参与群体金融资本变化认知显著高于务农群体，但与其他生计方式群体相比没有显著差异，这可能是因为参与旅游活动的居民（如制作手工艺品或向游客提供导游服务）赚取的现金收入高于那些只从事传统农业生产的居民（Jones，2005；Reggers et al.，2016；Xue & Kerstetter，2018）。这些现金收入受旅游淡旺季的影响，因此旅游参与群体的收入没有其他生计方式居民（如保护区工作人员、林场工人）稳定。居民生计资本内部各个维度是可以相互作用的，如果旅游业发展促进居民金融资本提升，那么他们会把资金投入到住房和基础设施改善，从而使生活条件得到提高（Stone & Nyaupane，2017；Stone & Nyaupane，2018）。旅游参与群体居民物质资本变化认知水平显著低于其他生计方式群体，但与务农群体相比没有显著差异。

（2）不同生计方式居民间环境行为具有显著性差异。如果居民受惠于生态旅游（社区旅游、可持续旅游），他们会重视景区的环境质量，并主动保护地方自然景观和生态环境，支持旅游业可持续发展（Woo et al.，2018）。南岭案例证实，旅游参与群体激进环保行为实施水平显著高于务农群体，旅游参与群体与其他生计方式居民在保守环保行为和激进环保行为实施水平上没有显著差异，其他生计方式居民的激进环保行为显著高于务农群体。产生这种现象的原因可能是务农群体在保护区没有发言权，当他们原有的生活方式被限制而又无新的生计方式可取代时，迫不得已违规使用自然资源，因此他们的环境态度和保护行为实施水平是有限的（Reggers et al.，2016）。

（3）不同生计方式居民生计资本变化感知对其环境行为影响存在差异。比较分析不同生计方式居民生计资本变化对其环境行为影响，有利于从多角度揭示保护区型旅游社区发展和环境保护之间的关系。南岭案例实证结果支持以往学者研究观点，即越来越严格的资源和环境管理政策减少了居民对自然资源的可利用性，威胁到他们的生存（Ross & Wall，1999；Stone & Nyaubane，2015），因此居民对环境保护工作十分不满，甚至表现出反对的态度和行为。社会、物质和文化资本的变化对旅游参与群体保护旅游地环境行为产生了积极影响，但对金融资本变化产生了负面影响，此结果与 Liu 等（2014）和 Cheng 等（2019）的研究结论“参与旅游活动获得经济利益能够促进居民实施环保行为”不同。金融、社会和文化资本变化认知对其他生计方式居民保护旅游地环境行为有正面影响，同时其他生计方式居民生计资本变化感知对保护旅游地环境行为的总影响（$\beta_{\text{其他生计方式居民保护旅游地环境行为}} = \beta_{\text{其他生计方式居民激进环保行为}} + \beta_{\text{其他生计方式居民保守环保行为}} = 1.69$）大于旅游参与群体（$\beta_{\text{旅游参与群体保护旅游地环境行为}} = \beta_{\text{旅游参与群体激进环保行为}} + \beta_{\text{旅游参与群体保守环保行为}} = 0.95$）和务农群体（$\beta_{\text{务农群体保护旅游地环境行为}} = \beta_{\text{务农群体激进环保行为}} + \beta_{\text{务农群体保守环保行为}} = 1.18$）。促进居民生计资本提升是一种有效的措施，可以激励拥有参与权的自然保护区工作人员、护林员和林场工人等在保护区型旅游地实施有利于环保的行为。南岭案例实证结果部分支持先前学者的观点，即可以通过增强社区能力来保护居民的利益，从而提高他们的生活质量，促进他们的环境意识和保护行为（Lee et al.，2013；Cheng et al.，2017；Guo et al.，2018）。

本书创新性地评估了六种生计资本变化认知与环境行为之间的关系，其结论支持社会交换理论框架（Cropanzano & Mitchell，2005；Lee，2013；Liu et al.，2014），为解释居民为何能够从生计利益或成本的角度参与环境保护提供了一个简洁而强有力的理论基础（Nunkoo & Gursoy，2010；Liu et al.，2014）。虽然本书的研究结果可能不适用于所有类型的保护区，但是本书发展和测试的模型可以用来比较不同生计策略群体的居民，以协调任何社区在不同旅游发展阶段的发展和保护。

7.1.3 地方依恋嵌入下灾害驱动不同文化群体居民保护旅游地环境行为机制存在的共性

（1）在青城山-都江堰和九寨沟两组模型中均表现出，价值观与灾害后果认知分别对青城山-都江堰与九寨沟居民保护旅游地环境行为（日常环保行为和景区生态关注）有显著的正向影响，但是要通过中介变量环境世界观或环保道德规范调节。价值观、世界观、道德规范均是文化的表征，同一群体具有相似的文化特征。文化是影响人类行为最根本的因素之一，文化的共性和差异性是影响人们行为异同的关键因素（Hofstede，2001）。在中华文明发展的长河中，各种文化相互融合、斗争，最终以儒家思想的共性展示于世界民族之林。儒家“和合”中庸思想广泛影响着我国各族人民的价值观、自然观和道德规范，它直接或间接地指导人们处理人与人、人与物、人与环境的关系（张玉玲 等，2014a）。因此，虽然青城山-都江堰和九寨沟两地自然、人文环境与灾害情况差异甚大，但是两地数据均支持本书的假设，且两地具有相同的结构模型。传统文化不仅对居民环境行为有着正向指导作用，甚至对于旅游地乃至全国生态环境保护和环境可持续发展有着重要意义。传统文化的弱化或丧失会使旅游地的吸引力锐减，甚至导致整个民族个性的改变。因此，加强传统文化教育利国利民，传统文化教育不仅要从学校抓起，还要渗透到城乡社区，同时地方各级政府要结合地域文化特色做好宣传、保护与传承工作。

（2）居民地方依恋对保护旅游地环境行为（日常环保行为和景区生态关注）有直接影响，同时也可以通过环保道德规范的调节对行为起作用。以往研究表明，如果一个地方或者这个地方的资源能够满足个体的需要和目标，那么个体就会增加对这个地方的依靠，并最终对这个地方产生情感依恋（Proshansky，1978；Stokols et al.，1981；Vaske et al.，2001）。诸如旅游吸引物等地方资源不仅为当地经济发展提供机会，还可以为当地居民提供直接或间接的就业机会。旅游地社区居民的生计主要依赖当地的旅游资源和生态环境，旅游地环境状况和自然资源质量和当地居民的生产、生活与福祉紧密相关，所以居民有很强的道德规范激发实施保护这里环境的行为。除此之外，在中国文化中，“家”的概念不仅代表着住所（地方），也代表着爱，所以中国人会有很强的道德规范保卫家园。地方依恋与“家”有某种程度的相似，包括对家的功能依靠和家庭成员的情感依恋。管理部门需要通过各种方式提高居民的地方依恋情感，从而激发其实施保护旅游地环境行为，比如增加居民旅游规划和决策的机会、提供旅游知识和传统文化培训机会、增强居民社区话语权、尽力帮助居民提高生活质量和精神生活水平等。

7.1.4　地方依恋嵌入下灾害驱动不同文化群体居民保护旅游地环境行为机制存在的差异

在九寨沟模型中居民价值观、灾害后果认知与地方依恋对保护旅游地环境行为（日常环保行为和景区生态关注）影响的强度均大于青城山-都江堰模型中的相应路径。价值观是文化的典型特征（Hofstede，2001；Schwartz，2004），不同文化群体的行为一般受到环境特征、文化背景差异的影响（程绍文 等，2010），同时地方资源、环境的差异也会对个体地方依恋产生不同影响，进而影响个体行为（Vaske et al.，2001；Ramkissoon et al.，2012）。从环境特征来看，青城山-都江堰位于岷江流域，四川天府之国的美誉得益于古人对岷江水道的科学改造，这里自然环境给人们更多的启示是融于自然、改造自然和人类智慧与力量的伟大；九寨沟地处我国西部高山峡谷，生态环境优越、自然景观优美，高质量的生态环境促使人们产生环保主义个人规范（不忍心破坏大自然的美丽原貌），进而自然环境无形中对人的行为产生约束力，使九寨沟居民表现出更高环保水平（张玉玲 等，2014a）。从文化背景来看，青城山-都江堰以道教文化为主，道教思想主张无为而治、道法自然和天人合一，对人们的教化表现为以平和之心对待万物；九寨沟是传统藏区，居民认为山水草木皆有神灵依附，人类不能随便打扰它们，否则神灵将会降下灾害惩罚人类（才让，1999），同时藏区居民始终坚持人就是自然的一部分，保护自然山水便是保护自己的生命。与道教文化相比，藏传佛教将保护自然万物纳入生命范畴的价值观以及对山水草木的敬畏之情，促使人们更加积极主动地关注和保护自然环境。从地方依恋来看，九寨沟地处山区对外交通不便，当地居民多在景区和周边从事旅游相关工作，就业机会比较单一，旅游收入是家庭收入的主要来源，因此九寨沟居民对当地旅游资源的依靠程度更大，而青城山-都江堰居民就业机会相对较多。从个人利益考虑，九寨沟居民更愿意保护当地资源与环境，从而促进本地旅游业更快更好地发展。从不同旅游地环境、文化与居民地方依恋比较分析可以看出，九寨沟居民具有更高的环保行为潜力，这也解释了九寨沟居民价值观、灾害后果认知与地方依恋对保护旅游地环境行为的驱动力均大于青城山-都江堰的原因。

7.2 基于游客保护旅游地环境行为研究的总结与讨论

7.2.1 影响游客保护旅游地环境行为及行为意愿的交互作用因素

客源地-性别、客源地-学历、客源地-个人月收入、客源地-年龄分别对游客“激进环保行为及行为意愿”和“保守环保行为及行为意愿”不存在交互作用，也就是说处于各人口统计变量不同水平的游客其实施保护旅游地环境行为及行为意愿不受其所居住地区位影响。

7.2.2 地理因素对游客价值观驱动保护旅游地环境行为及行为意愿机理的影响

根据游客价值观驱动保护旅游地环境行为模型研究结果，总结地理因素（空间距离、区域经济水平）对不同区域游客价值观驱动保护旅游地环境行为机制的异同，参见表7-1。

（1）利他价值观对游客环保行为的正向作用具有普遍性规律。在四个区域模型中，以下因果链均成立且均不具有区域差异性："利他价值观→保守环保行为及行为意愿""利他价值观→人地关系认知→环保道德规范→激进环保行为及行为意愿""利他价值观→人地关系认知→环保道德规范→保守环保行为及行为意愿""利他价值观→非人类中心主义→环保道德规范→激进环保行为及行为意愿"和"利他价值观→非人类中心主义→环保道德规范→保守环保行为及行为意愿"。

（2）利己价值观对游客环保行为的作用机理存在区域差异，空间距离具有削弱作用，区域经济水平具有增强作用。受地理区位影响，距旅游地空间距离越远，路径"利己价值观→激进环保行为及行为意愿"作用强度越弱，甚至出现负值。但是东部地区离目的地距离最远，上述路径却无负面作用，这主要是经济水平起调节作用。区域经济水平可以代表区域居民人均收入情况，如果个体经济条件较好，那么其经济环保行为或行为意愿就慷慨一些。大量研究也证明经济水平对环境态度、道德规范、环境行为有着积极影响（Clark et al.，2003；胡欣，2011）。受空间距离和经济水平影响，因果链"利己价值观→人地关系认知→环保道德规范→环保行为（激进环保行为及行为意愿和保守环保行为及行为意愿）"在四川省和东部地区成立，在邻省和中西部模型中不成立；受经济水平影响因果链"利己价值观→非人类中心主义→环保道德规范→环保行为（激进环保行为及行为意愿和保守环保行为及行为意愿）"在四川、邻省和中西部模型不成立，在东部模型中成立。

（3）环境世界观（人地关系认知和非人类中心主义）与环保道德规范作为中介变量，对环保行为（激进环保行为及行为意愿和保守环保行为及行为意愿）的影响在四个区域均表现出显著正向影响，而且不存在区域差异性，同时也证明NAM模型的普遍适用性。

表 7-1　地理因素对游客价值观驱动保护旅游地环境行为及行为意愿机制的影响

环保行为影响机制	作用性质			地理因素		
	四川	邻省	中西部	东部	空间距离	区域经济水平
利他价值观→保守环保行为及行为意愿	+	+	+	+	×	×
利他价值观→人地关系认知→环保道德规范→激进环保行为及行为意愿	+	+	+	+	×	×
利他价值观→人地关系认知→环保道德规范→保守环保行为及行为意愿	+	+	+	+	×	×
利他价值观→非人类中心主义→环保道德规范→激进环保行为及行为意愿	+	+	+	+	×	×
利他价值观→非人类中心主义→环保道德规范→保守环保行为及行为意愿	+	+	+	+	×	×
利己价值观→激进环保行为及行为意愿	+	+	-	○	√	√
利己价值观→人地关系认知→环保道德规范→激进环保行为及行为意愿	+	○	○	+	√	√
利己价值观→人地关系认知→环保道德规范→保守环保行为及行为意愿	+	○	○	+	√	√
利己价值观→非人类中心主义→环保道德规范→激进环保行为及行为意愿	○	○	○	+	×	√
利己价值观→非人类中心主义→环保道德规范→保守环保行为及行为意愿	○	○	○	+	×	√

续　表

环保行为影响机制	作用性质			地理因素		
	四川	邻省	中西部	东部	空间距离	区域经济水平
人地关系认知→环保道德规范→激进环保行为及行为意愿	+	+	+	+	×	×
人地关系认知→环保道德规范→保守环保行为及行为意愿	+	+	+	+	×	×
非人类中心主义→环保道德规范→激进环保行为及行为意愿	+	+	+	+	×	×
非人类中心主义→环保道德规范→保守环保行为及行为意愿	+	+	+	+	×	×
环保道德规范→激进环保行为及行为意愿	+	+	+	+	×	×
环保道德规范→保守环保行为及行为意愿	+	+	+	+	×	×

注：+为正向作用；-为负向作用；○为无作用；×无影响；√有影响

7.2.3　旅游地类型、游客景观体验认知与保护旅游地环境行为及行为意愿之间的关系与规律

根据文化景观体验认知与自然景观体验认知对游客环保行为影响的分析，总结出旅游地类型、游客景观体验认知与保护旅游地环境行为之间关系的规律(图 7-1)。

(1) 文化景观体验认知与自然景观体验认知均会对游客的环保行为及行为意愿产生积极影响。对激进环保行为及行为意愿总影响最大的因素是文化景观体验认知，对保守环保行为及行为意愿总影响最大的因素是自然景观体验认知。文化景观体验认知与自然景观体验认知对保守环保行为及行为意愿的总影响均比对激进环保行为及行为意愿的影响大。

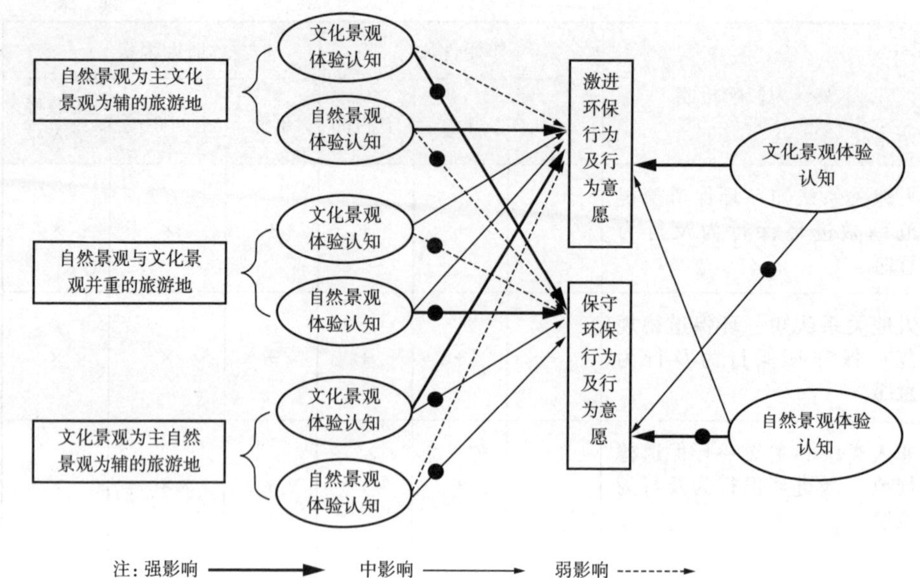

●：表示同一因素对何种环保行为及意愿影响更大

图 7-1 旅游地类型—游客景观体验认知—环保行为及行为意愿规律

（2）不同类型旅游地游客文化景观体验认知对保守环保行为及行为意愿的总影响强度表现为：自然景观为主、文化景观为辅的旅游地>文化景观为主、自然景观为辅的旅游地>自然景观和文化景观并重的旅游地。不同类型旅游地游客文化景观体验认知对激进环保行为及行为意愿的总影响强度表现为：文化景观为主、自然景观为辅的旅游地>自然景观和文化景观并重的旅游地>自然景观为主、文化景观为辅的旅游地。

（3）不同类型旅游地游客自然景观体验认知对保守环保行为及行为意愿的总影响强度表现为：自然景观和文化景观并重的旅游地>文化景观为主、自然景观为辅的旅游地>自然景观为主、文化景观为辅的旅游地。不同类型旅游地游客自然景观体验认知对激进环保行为及行为意愿的总影响强度表现为：自然景观为主、文化景观为辅的旅游地>自然景观和文化景观并重的旅游地>文化景观为主、自然景观为辅的旅游地。

（4）在自然景观为主、文化景观为辅的旅游地，游客文化景观体验认知和自然景观体验认知对保守环保行为及行为意愿的影响易出现不符合总体规律的结果。

从上述结论可以得到以下重要引申意义：一，做深文化产品和提供多种文化景观体验途径可以有效激发捐款、劝说等较为激进的环保行为；二，加强旅游地环卫工作、保持自然环境协调一致、设法让游客从自然环境体验中感悟人地关系，有利于游客实施保守的环保行为；三，与激进环保行为及行为意愿相比，游客更容易做到的是实施保守环保行为及产生行为意愿，因此引导和激发游客实施保守环保行为及产生行为意愿是旅游地生态环境管理与资源保护的重要内容；四，即使在文化景观价值较弱的旅游地，管理部门积极加强地方文化宣传（尤其是生态文化），拓宽游客文化体验途径，提供游客深入体验文化的机会也可以有效激发诸如妥善处理垃圾、爱护动植物、遵守环境法规等无须个体付出过多精力和财力、简单易行的保守环保行为及行为意愿；五，高品质的自然景观以及独特的生物资源易引起游客的好奇心，采摘、践踏、越位游览等不文明行为在自然旅游地时有发生，旅游管理部门应加强对游客环境行为的监管，必要时予以经济处罚，约束游客有意或无意的不良环境行为。

7.3　基于居民与游客保护旅游地环境行为比较分析的结论与讨论

7.3.1　直接影响居民与游客保护旅游地环境行为及行为意愿的社会心理变量

利他价值观对居民保护旅游地环境行为及行为意愿（保守和积极两个维度）有着普遍的直接正面影响，利他价值观仅对游客保守环保行为及行为意愿有直接正面作用。环境世界观对居民保守环保行为及行为意愿有直接正面影响，仅有“非人类中心主义”维度对居民积极环保行为意愿有直接正面作用。环境世界观的“人地关系认知”维度对游客保守环保行为及行为意愿有直接正面影响，环境世界观对游客积极环保行为意愿无直接影响。灾害后果认知（CDC3/TCDC1）对居民保护旅游地环境行为及行为意愿无直接作用，对游客保护旅游地环境行为及行为意愿有直接正面影响。环保道德规范（EN2）对居民与游客保护旅游地环境行为及行为意愿的两个维度均有直接正面作用。

7.3.2　中国文化背景下具有普遍适用性的保护旅游地环境行为及行为意愿驱动模型

根据第六章居民与游客两个群体保护旅游地环境行为结构方程模型的分析

结果，结合第四章与第五章研究结果，本书提出中国文化背景下具有普遍适用性的保护旅游地环境行为驱动模型，并对影响因素进行汇总（图 7-2）。

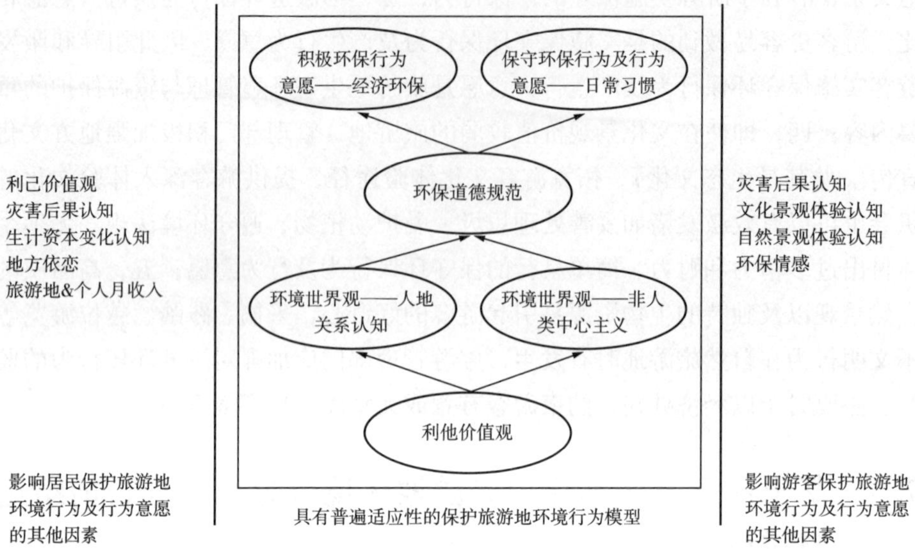

利己价值观
灾害后果认知
生计资本变化认知
地方依恋
旅游地&个人月收入

积极环保行为意愿——经济环保
保守环保行为及行为意愿——日常习惯
环保道德规范
环境世界观——人地关系认知
环境世界观——非人类中心主义
利他价值观

灾害后果认知
文化景观体验认知
自然景观体验认知
环保情感

影响居民保护旅游地环境行为及行为意愿的其他因素

具有普遍适应性的保护旅游地环境行为模型

影响游客保护旅游地环境行为及行为意愿的其他因素

图 7-2　居民与游客保护旅游地环境行为及行为意愿驱动模型及影响因素汇总

（1）影响居民与游客保护旅游地环境行为及行为意愿的共同因素。无论是社会利他价值观还是生物圈利他价值观都会对我国公民环境世界观产生影响，从而激发其环保道德规范，最终促进保护旅游地环境行为的实施。价值观是文化的典型代表，同时世界观、道德规范也是特定群体文化的表征，因此发扬我国传统文化精华、利用传统文化的生态哲学思想指导生活实践具有现实意义。传统文化的继承与繁荣需要我们每个人在各个领域探索实践。环境世界观与环保道德规范激发环保行为具有普遍性规律，因此社会各界需采取各种方式加强旅游地居民与游客的环境灾害知识与环境意识教育，目的不仅在于保护旅游地环境，还旨在更大区域范围的环境保护。

（2）影响居民与游客保护旅游地环境行为及行为意愿的其他因素。作为旅游地的“主人”，当地的资源、环境和自己的生活、健康和经济利益紧密相关，所以利己价值观、灾害后果认知、保护旅游地环境后果认知和地方依恋对居民实施保护旅游地环境行为有显著影响，同时旅游地-性别、旅游地-个人月收入对居民保护旅游地环境行为也有显著正向影响；作为旅游地的“客人”，消费旅游产品过程中产生的体验、认知、情感会对其行为产生一定影响，所以景观体验认知和环保情感对游客保护旅游地环境行为有显著作用，同时游客灾害后果认知也会影响其实施环保行为。影响环保行为的社会心理变量可以成为景区规划、管理的参考因素，也可以成为对个体行为干涉、管理的出发点。

7.4　旅游地环境可持续发展建议

7.4.1　旅游地社区管理建议

1. 协调居民生计与生态保护之间的关系

旅游地居民生计活动对地方生态环境有着巨大的影响，居民有利于环境保护的生计活动将促进社区可持续发展，反之则会陷入贫困和生态破坏的恶性循环。虽然生态旅游能够在促进社区经济发展的同时保护旅游地生态环境，但是由于规划编制不科学、居民素质不高、监督机制不健全等原因，常常出现旅游发展造成生态破坏的现象。因此，保护区型旅游地首先应为居民提供更多的就业岗位（如护林员、旅游向导等），让其在有管理、有监督、有指引、有规划的岗位开展生计活动，保障其生活的同时让居民意识到美好的生活源自地方生态环境得到较好的保护；其次，在无法提供充足就业岗位时，要引导居民生计活动多样化，使其生计活动不局限于农业，避免居民对地方自然资源的过分依赖；最后，密切监控旅游参与群体生计活动，预防和避免因追求经济利益而产生的直接或间接地方生态环境、自然资源破坏行为。

2. 加强居民地方情感的培养

人作为具有丰富情感和复杂心理活动的智慧生物，会对其长期生活的环境产生各种情感联系。从情感形成的过程看，地方依恋是人以地方为媒介而产生的一种特殊的情感体验，它是人与地方不断互动而产生的精神、心理产物。一旦人产生了地方情感，那么地方便成为自我的一个有机组成部分，地方的意义不能脱离人而存在（唐文跃 等，2007）。从人本主义的角度来看，地方蕴含着一种美好的回忆和重大的成就积累与沉淀，同时地方又有“家”的含义，能够给人安全感和归属感（朱竑 等，2011）。加强居民地方情感培养可以从以下几个方面着手：一，加强居民归属感建设，让居民把社区当成“家”；二，以全国卫生文明城市建设为契机，打造优质环境社区，建立居民自豪感；三，改善、美化社区生态环境，增加居民社区生活幸福感；四，通过宣传教育等方式，让居民了解旅游地环境质量对他们及其子孙生存、生活、健康等多方面的重要意义，提高居民社区依恋感和社区认同感；五，尽力拓宽居民社区参与的途径，满足居民各种合理的需求。

3. 强化居民环境教育

居民环境教育从目的上说是为了促进社区（或者更大区域范围）及其成员的和谐发展，以提高社区成员的环境意识、环境道德和环境规范，帮助居民建立正确的环境世界观，从而促进社区居民实施环保行为，提高社区（或者更大区域范围）生态环境质量。一，通过更新观念、适应现代社会发展趋势，把环境教育从学校扩展到全社会，在社区创立一个终身环境知识教育、终身环境学习的氛围与平台；二，充分发挥各类载体和平台作用（如社区广告牌、社区网站等），促进社区环境教育的发展；三，社区环境教育要与可持续发展战略相结合，以贴入生活的方式引导居民；四，社区环境教育要与经济、文化、环境建设相结合，不能搞纯粹的教育，要理论、实践相结合；五，通过生态社区的构建，形成对公民环境友好行为的空间规引，由于社区在公民日常生活所在地中最贴近居民利益需求，因此在自身利益的驱动和配套机制的组织下，公民会积极参与社区公共事务管理（金太军 等，2013）。

4. 普及居民灾害认知教育

灾害不仅可以直接影响旅游地居民的正常生活，也可以通过干扰当地生态环境、破坏景观、降低旅游地吸引力的方式影响旅游业正常发展，从而影响居民的经济利益。长期以来，一定程度上人们在潜意识中认为自然灾害是突如其来的“天灾”，不受人的意志控制，往往在个人层面上对整个生态系统的稳定与健康运转关注不够。从利己主义角度考虑，人们会主动预防和应对灾害，从而降低自己的损失，然而由于缺乏足够的环境、灾害知识，大众很难从生物圈的高度理性认识灾害、环境、社会、经济和个人福祉的联系。因此普及灾害知识，尤其是帮助公众从宏观上理解灾害的产生、发展、影响以及其与人类活动之间的关系，有助于大众树立正确的人地关系信念，有利于旅游地生态环境保护。

5. 加强居民传统文化教育

我国传统文化（地域文化）在人生观、价值观、伦理道德等方面包含了许多有利于人性优良品质发展的积极方面。例如九寨沟的藏传佛教文化，作为中国佛教的一个分支，不仅弘扬佛教的基本思想（提倡加强自我修养、提高道德素质、热爱众生，倡导慈悲为怀、救世济民、普度众生的菩提心），而且教化居民产生保护自然万物如同保护自己生命一样的道德情怀。佛教的“无缘大慈、同体大悲”的教育中包含着人与自然和谐相处的思想，与当今可持续发展理念有着相通之处。青城山是中国道教发源地之一，“道”对当地居民思想、生活、价值观、行为等有着深远的影响。道教以重视生命的喜乐、宁静、恬淡、朴素和心灵的充实与扩展为特色，关注自我与自然的协调，以人为本。道教致力于体玄修道、韬光养晦、淡泊名利，以求生命在情感、行为、人伦、自然与文化的互动中长存长立，因此道家在自然生态与人的关系的认识上表现出“道法自然”的态度（王文东，2003）。都江堰是举世闻名的水利奇迹，至今仍发挥着灌溉、调洪的作用，是名副其实的生态工程。一代代都江堰人在尊重都江堰大坝原始设计理念的同时，不断摸索、发展、创新，形成了特殊的治水文化。都江堰治水文化正是人们尊重自然、利用自然、改造自然、融于自然的杰出典范。地方文化的传承与发展不仅可以丰富旅游文化环境、增加目的地吸引力，还可以教化公众，从而达到保护环境的目的。金太军和沈承诚（2013）认为，现代社会人与自然的关系已经陷入激烈的矛盾冲突中，因为公民始终将生活意义建构在无度的消费行为之中。因此要实现公民的环境友好行为，必须用生态伦理思想浸润与再造公民消费价值观，重新构建人们的生活意义，从而消除消费伦理异化条件下的公民环境不友好行为。我国传统文化蕴含生态伦理哲学，对人的价值观、道德规范、行为等有着指导作用，加强传统文化教育必将有益于旅游地环境保护。具体建议如下：一，开展传统文化讲堂进社区活动，丰富老年人的业余生活，增长青少年知识，为传统文化进万家打下基础；二，开展社区读书活动，结合文化信息共享、社区图书室服务建设和社区网站建设，组织社区居民学习《弟子规》《三字经》《论语》《道德经》《唐诗》等国学经典，提高居民文化素养；三，开展传统文化知识竞赛、传统文化带头人和优秀家庭评选等活动，激发居民学习、实践传统文化的积极性；四，开展艺术进社区活动，组织居民自导自演民俗歌舞，组织书法、诗歌爱好者相互联谊；五，充分利用社区公共场所，适当增加传统文化宣传牌。

6. 鼓励居民参与环境决策与环境管理

旅游地环境一旦受到损坏，社区居民是最直接的环境灾害受害者，如果居民认识到环境保护的重要性，并自觉采取有利于环境的行为，就可以大大减轻环境管理部门的压力；同时居民环保意识越强，越有可能运用法律武器保护自己的环境权益，这样当地企业将面临较大的环境损害赔偿风险，会主动妥善处理废弃物（郝瑞斌 等，2002）。建议从以下途径扩宽居民参与环境决策：一，加强环境保护知识的宣传，提高公众环境意识，从而使公众参与环境决策的能力和质量得以提高；二，扩展公众的环境知情权，通过公开各种环境信息为居民参与环境决策提供基础资料；三，提高居民参与环境管理（决策）的效率，通过实践活动加强研究和总结，寻找合理有效的组织形式提高环境管理效率；四，立法保障居民参与环境决策，通过管理法律化、制度化、程序化，为社区居民参与环境决策权提供保障。

7.4.2 游客管理建议

游客管理（本书为游客环境行为管理）的过程和旅游产品在各种营销策略刺激下促使游客做出购买决策的过程具有相似之处，就本质而言，游客环境行为管理是旅游目的地的各种管理措施被游客感知、认同，并在行为上做出响应的过程，游客能否感知并认可管理措施是关键环节（李燕琴，2009）。基于游客环境行为的管理就是针对游客实施的“环境营销”实质，本书以营销领域的“刺激—反应购买者行为模型”和李燕琴所建立的“游客行为管理—响应模型”为基础（李燕琴，2009；维克多·密德尔敦 等，2001），构建“游客环境行为管理模型”（图 7-3）。

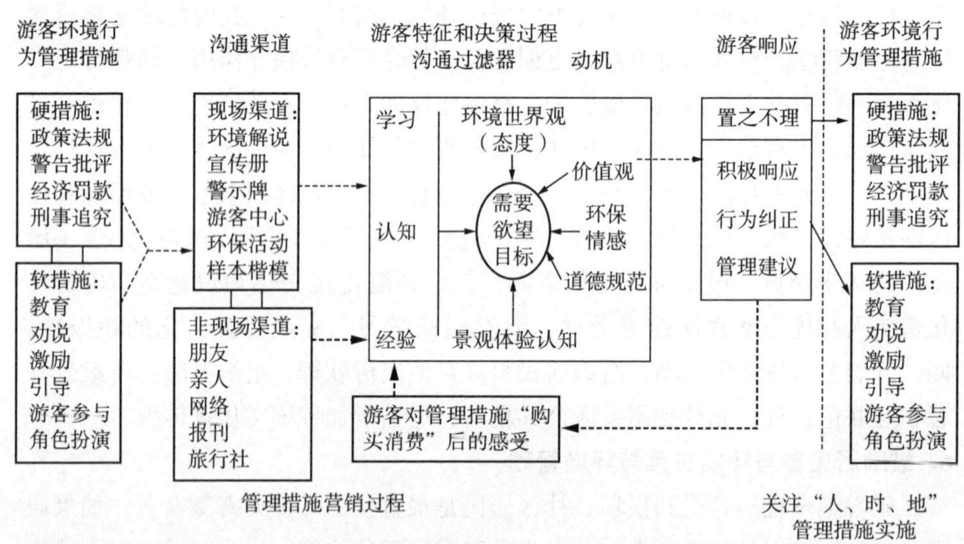

图 7-3 游客环境行为管理模型

模型中的每一个环节，旅游管理部门都要进行认真研究和详细规划，才能对游客环境行为进行行之有效地管理。模型分两部分：一，游客管理措施营销过程；二，游客管理措施实施过程。

1. 游客管理措施营销

游客管理措施营销过程包括游客环境行为管理措施、沟通渠道、决策过程和游客响应（图 7-3）。

游客环境行为管理措施为游客提供了行为规范信息，告诉他们该“怎么做”。根据对游客作用效果不同，可以分为“硬”措施和“软”措施。“硬”性措施目标是限制游客活动，对游客不文明的行为进行较严厉的惩罚；“软”性措施主要是间接制约游客不文明行为，采用较缓和的方式激发游客主动实施环境友好行为。沟通渠道是游客认识、感知旅游地游客管理措施的途径，可分为现场沟通渠道和非现场沟通渠道。游客对管理措施的响应存在一个决策过程，有一部分游客管理措施信息被由“学习、认知和经验”构成的沟通过滤器屏蔽掉，而另外一部分信息则进入游客的感知范围，这些被感知到的管理措施能否得到游客在行动上的响应，还受到其他因素干扰（李燕琴，2009）。其中，游客能否得到高质量的旅游体验（需求、欲望、目标）是最重要的影响因素，另外态度（游客的环境世界观）、道德规范（环境道德规范）、环保情感、景观体验认知也会影响游客对旅游管理措施的“购买”。游客响应为游客管理措施营销系统中的反应输出结果，是游客管理措施作用的最终结果。

2. 游客管理措施的实施

游客管理措施是旅游管理部门针对游客不同行为采取的对策。对于我行我素、不顾景区规章制度的游客应该采取“硬”措施；对于能够意识到自己行为欠缺并乐于改正的游客和具有高素质的环境友好型游客应采取“软”措施。在各种管理措施具体实施的过程中要讲求“人”“时”“地”的关注。

（1）以人为本。由于游客因学习能力、认知水平和以往经验的差异以及价值观、环境世界观、环境道德规范、景观体验认知和环保情感等的不同，不同游客具有不同的出游动机和欲望。这些原因直接决定游客是否对游客行为管理措施做出响应以及做出何种响应。同样的管理措施作用于不同的人会产生不同的效果，因此游客管理不能一概而论，要根据特定旅游地的典型游客特征进行深入分析，调查取样典型游客的价值观、环境世界观、环境道德规范、环境情感和旅游体验后产生的认知（对景观方面）等，甚至运用景区监控资料观察本景区典型游客的环境行为。同时，还需要调查典型游客对“软”“硬”管理措施的态度。游客管理措施的制定与实施目的不在于“管人”，而在于教育、引导、激励人去爱护目的地的生态环境和旅游资源，因此“软”“硬”措施要配合得当。

(2) 因时而异

在旅游业与整个社会发展的不同阶段，游客特征和管理者水平都会有显著差异（李燕琴，2009）。西方欧美国家旅游业发展已经进入较成熟的阶段，旅游管理部门已经从游客数量的关注转入到游客体验与资源保护同等重要的阶段，同时游客不仅注重个人深层体验质量，也注重个人环境行为。我国旅游业大多处于发展早期阶段，由于旅游业起步较晚，居民出游经验不多、环境知识欠缺、环境态度较差，不文明的行为时有发生，因此在旅游业发展早期阶段较适宜多采用“硬”措施。

(3) 因地制宜

许多旅游地的热点区域存在保护与发展的矛盾，热点区域的自然、文化景观资源虽具有独特的审美价值，但是也具有一定的脆弱性，容易受到破坏。保护价值越大的旅游资源，其脆弱性往往越高，因此管理部门在加强资源管理（划定资源敏感区限制游客入内、控制游客数量等）的同时也要加强对游客行为的管理。在资源脆弱型旅游地有必要加强“硬”性管理措施约束游客不文明的行为，从而达到保护资源的目的。

参考文献

[1] Ainsworth M, Bowlby J. Child care and the growth of love[M]. London: Penguin Books, 1965.

[2] Ajzen I, Fishbein M. Understanding attitudes and predicting social behaviour [M]. London: Prentice Hall, 1980: 1-278.

[3] Ajzen I. Attitude structure and behavior[M]//Pratkanis A, Breckler S, Greenwald A G. Attitude structure and function. Hillsdale: Erlbaum, 1989: 241-274.

[4] Ajzen I. The theory of planned behavior[J]. Organizational Behavior and Human Decision Processes, 1991, 50(2): 179-211.

[5] Arcury T A, Christianson E H. Environmental worldview in response to environmental problems Kentucky 1984 and 1988 compared[J]. Environment and Behavior, 1990, 22(3): 387-407.

[6] Aronson E, Wilson T D, Akert R M. Social psychology[M]. Upper Saddle River: Prentice Hall, 2005: 1-548.

[7] Ashley C. The impacts of tourism on rural livelihoods: Namibia's experience [M]. London: Overseas Development Institute, 2000.

[8] Axelrod L J, Lehman D R. Responding to environmental concerns: What factors guide individual action?[J]. Journal of Environmental Psychology, 1993, 13(2): 149-159.

[9] Ballantyne R, Packer J, Hughes K. Tourists' support for conservation messages and sustainable management practices in wildlife tourism experiences [J]. Tourism Management, 2009, 30(5): 658-664.

[10] Ballantyne R, Packer J, Falk J. Visitors' learning for environmental sustainability: Testing short-and long-term impacts of wildlife tourism experiences using structural equation modelling[J]. Tourism Management, 2011a, 32(6): 1243-1252.

[11] Ballantyne R, Packer J, Sutherland L A. Visitors' memories of wildlife

tourism: Implications for the design of powerful interpretive experiences[J]. Tourism Management, 2011b, 32(4): 770-779.

[12] Bamberg S, Kuhnel S M, Schmidt P. The impact of general attitude on decisions: A framing approach[J]. Rationality and Society, 1999, 11(1): 5-25.

[13] Bardi A, Schwartz S H. Values and behavior: Strength and structure of relations[J]. Personality and Social Psychology Bulletin, 2003, 29(10): 1207-1220.

[14] Batson C D, Powell A A. Altruism and prosocial behavior[M]//Gilbert D T, Fiske S T, Gardner L. Handbook of psychology. New York: McGraw-Hill, 2003: 463-468.

[15] Black J S, Stern P C, Elworth J T. Personal and contextual influences on househould energy adaptations[J]. Journal of Applied Psychology, 1985, 70(1): 3-21.

[16] Blau P M. Exchange and power in social life[M]. Califon: Transaction Publishers, 1964.

[17] Boeve-de Pauw J, Van Petegem P. A cross-cultural study of environmental values and their effect on the environmental behavior of children[J]. Environment and Behavior, 2013, 45(5): 551-583.

[18] Bowlby J. Attachment and loss: Separation-anxiety and anger (vol. 2)[M]. New York: Basic Books, 1982.

[19] Brady M K, Cronin Jr J J. Some new thoughts on conceptualizing perceived service quality: A hierarchical approach[J]. The Journal of Marketing, 2001, 65(3): 34-49.

[20] Brand K-W. Environmental consciousness and behaviour: The greening of lifestyles[M]//Redclift M, Woodgate G. The international handbook of environmental sociology. London: Edward Elgar, 1997: 204-217.

[21] Brehm J M, Eisenhauer B W, Krannich R S. Community attachments as predictors of local environmental concern the case for multiple dimensions of attachment[J]. American Behavioral Scientist, 2006, 50(2): 142-165.

[22] Brown B, Perkins D D, Brown G. Place attachment in a revitalizing neighborhood: Individual and block levels of analysis[J]. Journal of Environmental Psychology, 2003, 23(3): 259-271.

[23] Burley D, Jenkins P, Laska S, et al. Place attachment and environmental change in coastal louisiana[J]. Organization & Environment, 2007, 20(3): 347-366.

[24] Buttel F H. New directions in environmental sociology[J]. Annual Review of Sociology, 1987, 13, 465-488.

[25] Byrne B M. Structural equation modeling with Amos: Basic concepts, applications, and programming [M]. New Jersey: Lawrence Erlbaum Associates, 2009, 53-364.

[26] Canter D. Understanding, assessing, and acting in places: Is an integrative framework possible? [M]//Garling T, Evans G. Environment, cognition, and action: An integrated approach. New York: Oxford University Press, 1991: 191-209.

[27] Carrus G, Scopelliti M, Fornara F, et al. Place attachment, community identification, and pro-environmental engagement[M]//Manzo L C, Devine-Wright P. Place attachment: Advances in theory, methods and applications. London and New York: Routledge, 2013: 176-192.

[28] Chen C, Lopez-Carr D. The importance of place: Unraveling the vulnerability of fisherman livelihoods to the impact of marine protected areas[J]. Applied Geography, 2015, 59: 88-97.

[29] Cheng Q, Sasaki N, Jourdain D, et al. Local livelihood under different governances of tourism development in China-A case study of Huangshan mountain area[J]. Tourism Management, 2017, 61: 221-233.

[30] Cheng T M, Wu H C, Wang T M, Wu M R. Community participation as a mediating factor on residents' attitudes towards sustainable tourism development and their personal environmentally responsible behavior[J]. Current Issues in Tourism, 2019, 22(14): 1764-1782.

[31] Cheung G W, Rensvold R B. Evaluating goodness-of-fit indexes for testing measurement invariance [J]. Structural Equation Modeling, 2002, 9 (2): 233-255.

[32] Chiu Y T H, Lee W I, Chen T H. Environmentally responsible behavior in ecotourism: Antecedents and implications[J]. Tourism Management, 2014, 40: 321-329.

[33] Choi A S, Fielding K S. Environmental attitudes as WTP predictors: A case study involving endangered species [J]. Ecological Economics, 2013, 89: 24-32.

[34] Choi A S. Implicit prices for longer temporary exhibitions in a heritage site and a test of preference heterogeneity: A segmentation-based approach[J]. Tourism Management, 2011, 32(3): 511-519.

[35] Chow K, Healey M. Place attachment and place identity: First-year undergraduates making the transition from home to university[J]. Journal of Environmental Psychology, 2008, 28(4): 362-372.

[36] Christensen A, Rowe S, Needham M D. Value orientations, awareness of consequences, and participation in a whale watching education program in Oregon [J]. Human Dimensions of Wildlife, 2007, 12(4): 289-293.

[37] Cialdini R B, Reno R R, Kallgren C A. A focus theory of normative conduct: Recycling the concept of norms to reduce littering in public places[J]. Journal of Personality and Social Psychology, 1990, 58(6): 10-15.

[38] Clark C F, Kotchen M J, Moore M R. Internal and external influences on pro-environmental behavior: Participation in a green electricity program [J]. Journal of Environmental Psychology, 2003, 23(3): 237-246.

[39] Colbert F. Entrepreneurship and leadership in marketing the arts[J]. International Journal of Arts Management: 2003, 30-39.

[40] Cropanzano R, Mitchell M S. Social exchange theory: An interdisciplinary review[J]. Journal of Management, 2005, 31(6): 874-900.

[41] Cyr D, Head M, Ivanov A. Perceived interactivity leading to e-loyalty: Development of a model for cognitive-affective user responses[J]. International Journal of Human-computer Studies, 2009, 67(10): 850-869.

[42] Dalton R J, Gontmacher Y, Lovrich N P, et al. Environmental attitudes and the new environmental paradigm[M]//Dalton R J, Garb P, Lovrich N P, et al. Critical masses: Citizens, nuclear weapons production, and environmental destruction in the United States and Russia. Cambridge, MA: MIT Press, 1999: 195-230.

[43] de Groot J I M, Steg L. Morality and prosocial behavior: The role of awareness, responsibility, and norms in the norm activation model[J]. The

Journal of Social Psychology, 2009, 149(4): 425-449.

[44] DeHaan L J. Changes in livelihood strategies in Northern Benin and their environment effects[J]. The Courier. Africa-Caribbean-Pacific-European Union, 1992, 133: 88-90.

[45] de Rojas C, Camarero C. Visitors' experience, mood and satisfaction in a heritage context: Evidence from an interpretation center[J]. Tourism Management, 2008, 29(3): 525-537.

[46] Decrop A. Tourists' decision-making and behavior processes[M]//Pizam A, Mansfeld Y. Consumer behavior in travel and tourism. New York: Haworth, 1999: 103-33.

[47] del Bosque I R, Martín H S. Tourist satisfaction a cognitive-affective model [J]. Annals of Tourism Research, 2008, 35(2): 551-573.

[48] Devine-Wright P, Clayton S. Introduction to the special issue: Place, identity and environmental behavior[J]. Journal of Environmental Psychology, 2010a, 30(3): 267-270.

[49] Devine-Wright P, Howes Y. Disruption to place attachment and the protection of restorative environments: A wind energy case study[J]. Journal of Environmental Psychology, 2010b, 30(3): 271-280.

[50] Devine-Wright P. Place attachment and public acceptance of renewable energy: A tidal energy case study[J]. Journal of Environmental Psychology, 2011, 31(4): 336-343.

[51] Dittmar H, Wheatsheaf H, Hempstead H. The social psychology of material possessions: To have is to be[M]. New York/London: Harvester Wheatsheaf/St. Martin's Press, 1992: 1-250.

[52] Dunlap R E, Heffernan R B. Outdoor recreation and environmental concern: An empirical examination[J]. Rural Sociology, 1975, 40(1): 18-30.

[53] Dunlap R E, Van Liere K D, Mertig A G, et al. Measuring endorsement of the new ecological paradigm: A revised NEP scale[J]. Journal of Social Issues, 2000, 56(3): 425-442.

[54] Dunlap R E, Van Liere K D. New environmental paradigm[J]. Journal of Environmental Education, 1978, 9(4): 10-19.

[55] Dunlap R E, York R. The globalization of environmental concern and the limits

of the postmaterialist values explanation: Evidence from four multinational surveys[J]. The Sociological Quarterly, 2008, 49(3): 529-563.

[56] Ebreo A, Vining J, Cristancho S. Responsibility for environmental problems and the consequences of waste reduction: A test of the norm-activation model [J]. Journal of Environmental Systems, 2003, 29(3): 219-244.

[57] Ellis F. Rural livelihoods and diversity in developing countries[M]. Oxford: Oxford University Press, 2000.

[58] Emerson R M. Social exchange theory[J]. Annual Review of Sociology, 1976, 2: 335-362.

[59] Ferguson M A, Branscombe N R. Collective guilt mediates the effect of beliefs about global warming on willingness to engage in mitigation behavior [J]. Journal of Environmental Psychology, 2010, 30(2): 135-142.

[60] Ford R M, Williams K J, Bishop I D, et al. A value basis for the social acceptability of clearfelling in Tasmania, Australia [J]. Landscape and Urban Planning, 2009, 90(3): 196-206.

[61] Friedkin N E. The attitude-behavior linkage in behavioral cascades[J]. Social Psychology Quarterly, 2010, 73(2): 196-213.

[62] Fujii S, Kitamura R. What does a one-month free bus ticket do to habitual drivers? An experimental analysis of habit and attitude change[J]. Transportation, 2003, 30(1): 81-95.

[63] Garrod B. Exploring place perception a photo-based analysis[J]. Annals of Tourism Research, 2008, 35(2): 381-401.

[64] Gatersleben B. Affective and symbolic aspects of car use[M]//Gärling T, Steg L. Threats to the quality of urban life from car traffic: Problems, causes, and solutions. Amsterdam: Elsevier, 2007: 219-233.

[65] Gefen D, Straub D W. Managing user trust in B2C e-services[J]. E-service Journal, 2003, 2(2): 7-24.

[66] Geller E S. Actively caring for the environment an integration of behaviorism and humanism[J]. Environment and Behavior, 1995, 27(2): 184-195.

[67] Ghimire S, Upreti B R. Community participation for environment-friendly tourism: The avenue for local peace[J]. The Journal of Tourism and Peace Research, 2011, 2(1): 55-69.

[68] Giuliani M V, Feldman R. Place attachment in a developmental and cultural context[J]. Journal of Environmental Psychology, 1993, 13(3): 267-274.

[69] Golledge R G, Stimson R J. Spatial behavior: A geographic perspective[M]. New York: Guilford Press, 1997: 1-563.

[70] Gosling E, Williams K J. Connectedness to nature, place attachment and conservation behaviour: Testing connectedness theory among farmers[J]. Journal of Environmental Psychology, 2010, 30(3): 298-304.

[71] Guagnano G A, Stern P C, Dietz T. Influences on attitude-behavior relationships a natural experiment with curbside recycling[J]. Environment and Behavior, 1995, 27(5): 699-718.

[72] Guo Y, Zhang J, Zhang Y, Zheng C. Examining the relationship between social capital and community residents' perceived resilience in tourism destinations[J]. Journal of Sustainable Tourism, 2018, 26(6): 973-986.

[73] Halpenny E A. Pro-environmental behaviours and park visitors: The effect of place attachment[J]. Journal of Environmental Psychology, 2010, 30(4): 409-421.

[74] Han H, Hsu L T J, Sheu C. Application of the theory of planned behavior to green hotel choice: Testing the effect of environmental friendly activities[J]. Tourism Management, 2010, 31(3): 325-334.

[75] Han H, Kim Y, Kim E-K. Cognitive, affective, conative, and action loyalty: Testing the impact of inertia[J]. International Journal of Hospitality Management, 2011, 30(4): 1008-1019.

[76] Han H. The norm activation model and theory-broadening: Individuals' decision-making on environmentally-responsible convention attendance[J]. Journal of Environmental Psychology, 2014, 40: 462-471.

[77] Han H. Travelers' pro-environmental behavior in a green lodging context: Converging value-belief-norm theory and the theory of planned behavior[J]. Tourism Management, 2015, 47: 164-177.

[78] Harland P, Staats H, Wilke H A. Situational and personality factors as direct or personal norm mediated predictors of pro-environmental behavior: Questions derived from norm-activation theory[J]. Basic and Applied Social Psychology, 2007, 29(4): 323-334.

[79] Harth N S, Leach C W, Kessler T. Guilt, anger, and pride about in-group environmental behaviour: Different emotions predict distinct intentions [J]. Journal of Environmental Psychology, 2013, 34: 18-26.

[80] Heberlein T A, Vaske J. Crowding and visitor conflict on the bois Brule river: Technical completion report [M]. Madison: University of Wisconsin, Water Resources Center, 1977.

[81] Hernández B, Hidalgo M C, Ruiz C. Theoretical and methodological aspects of research on place attachment[M]//Manzo L, Devine-Wright P. Place attachment: Advances in theory, methods and applications. London and New York: Routledge, 2013, 136-155.

[82] Hernández B, Martín A M, Ruiz C, et al. The role of place identity and place attachment in breaking environmental protection laws[J]. Journal of Environmental Psychology, 2010, 30(3): 281-288.

[83] Heywood J L. The cognitive and emotional components of behavior norms in outdoor recreation[J]. Leisure Sciences, 2002, 24(3-4): 271-281.

[84] Hidalgo M C, Hernandez B. Place attachment: Conceptual and empirical questions[J]. Journal of Environmental Psychology, 2001, 21(3): 273-281.

[85] Higham J, Carr A. Ecotourism visitor experiences in Aotearoa/New Zealand: Challenging the environmental values of visitors in pursuit of pro-environmental behaviour[J]. Journal of Sustainable Tourism, 2002, 10(4): 277-294.

[86] Hines J M, Hungerford H R, Tomera A N. Analysis and synthesis of research on responsible environmental behavior: A meta-analysis [J]. The Journal of Environmental Education, 1986, 18(2): 1-8.

[87] Ho M C, Shaw D, Lin S, et al. How do disaster characteristics influence risk perception? [J]. Risk Analysis, 2008, 28(3): 635-643.

[88] Hofstede G. Culture's consequences: Comparing values, behaviors, institutions and organizations across nations[M]. Thousand Oaks: Sage, 2001: 345-387.

[89] Homburg A, Stolberg A. Explaining pro-environmental behavior with a cognitive theory of stress [J]. Journal of Environmental Psychology, 2006, 26(1): 1-14.

[90] Homer P M, Kahle L R. A structural equation test of the value-attitude-behavior hierarchy[J]. Journal of Personality and Social Psychology, 1988,

54(4): 638-646.

[91] Hu L, Bentler P M. Cutoff criteria for fit indexes in covariance structure analysis: Conventional criteria versus new alternatives[J]. Structural Equation Modeling, 1999, 6(1): 1-55.

[92] Huang H C, Lin T H, Lai M C, et al. Environmental consciousness and green customer behavior: An examination of motivation crowding effect[J]. International Journal of Hospitality Management, 2014, 40: 139-149.

[93] Huijts N, Molin E, Steg L. Psychological factors influencing sustainable energy technology acceptance: A review-based comprehensive framework[J]. Renewable and Sustainable Energy Reviews, 2012, 16(1): 525-531.

[94] Hunecke M, Blöbaum A, Matthies E, et al. Responsibility and environment ecological norm orientation and external factors in the domain of travel mode choice behavior[J]. Environment and Behavior, 2001, 33(6): 830-852.

[95] Hunter L M, Hatch A, Johnson A. Cross-national gender variation in environmental behaviors[J]. Social Science Quarterly, 2004, 85(3): 677-694.

[96] Husted B W, Russo M V, Meza C E B, et al. An exploratory study of environmental attitudes and the willingness to pay for environmental certification in Mexico[J]. Journal of Business Research, 2013, 67(5): 891-899.

[97] Izard C E, Bartlett E S. Patterns of emotions: A new analysis of anxiety and depression[M]. Oxford: Academic Press, 1972: 1-301.

[98] Jansson J, Marell A, Nordlund A. Exploring consumer adoption of a high involvement eco-innovation using value-belief-norm theory[J]. Journal of Consumer Behaviour, 2011, 10(1): 51-60.

[99] Johansson M, Rahm J, Gyllin M. Landowners' participation in biodiversity conservation examined through the value-belief-norm theory[J]. Landscape Research, 2013, 38(3): 295-311.

[100] Joireman J A, Lasane T P, Bennett J, et al. Integrating social value orientation and the consideration of future consequences within the extended norm activation model of proenvironmental behaviour[J]. British Journal of Social Psychology, 2001, 40(1): 133-155.

[101] Jones N. Environmental activation of citizens in the context of policy agenda formation and the influence of social capital[J]. The Social Science Journal,

2010, 47(1): 121-136.

[102] Jorgensen B S, Stedman R C. Sense of place as an attitude: Lakeshore owners' attitudes toward their properties[J]. Journal of Environmental Psychology, 2001, 21(3): 233-248.

[103] Jurowski C, Uysal M, Williams D R, et al. An examination of preferences and evaluations of visitors based on environmental attitudes: Biscayne Bay national park[J]. Journal of Sustainable Tourism, 1995, 3(2): 73-86.

[104] Kaiser F G, Wölfing S, Fuhrer U. Environmental attitude and ecological behavior[J]. Journal of Environmental Psychology, 1999, 19(1): 1-19.

[105] Kaiser F G, Wilson M. Goal-directed conservation behavior: The specific composition of a general performance[J]. Personality and Individual Differences, 2004, 36(7): 1531-1544.

[106] Kaiser F G, Schultz P W, Berenguer J, et al. Extending planned environmentalism[J]. European Psychologist, 2008, 13(4): 288-297.

[107] Kaltenborn B P. Effects of sense of place on responses to environmental impacts: A study among residents in Svalbard in the Norwegian high arctic[J]. Applied Geography, 1998, 18(2): 169-189.

[108] Kang K H, Stein L, Heo C Y, et al. Consumers' willingness to pay for green initiatives of the hotel industry[J]. International Journal of Hospitality Management, 2012, 31(2): 564-572.

[109] Karp D G. Values and their effect on pro-environmental behavior[J]. Environment and Behavior, 1996, 28(1): 111-133.

[110] Kollmuss A, Agyeman J. Mind the gap: Why do people act environmentally and what are the barriers to pro-environmental behavior? [J]. Environmental Education Research, 2002, 8(3): 239-260.

[111] Kovács J, Pántya J, Medvés D, et al. Justifying environmentally significant behavior choices: An american-hungarian cross-cultural comparison[J]. Journal of Environmental Psychology, 2014, 37: 31-39.

[112] Kyle G, Chick G. The social construction of a sense of place[J]. Leisure Sciences, 2007, 29(3): 209-225.

[113] Lalonde R, Jackson E L. The new environmental paradigm scale: Has it outlived its usefulness? [J]. The Journal of Environmental Education, 2002,

33(4): 28-36.

[114] Lazarus R S. Emotion and adaptation[M]. New York: Oxford University Press, 1991: 239-287.

[115] Lee T H, Jan F H, Yang C C. Conceptualizing and measuring environmentally responsible behaviors from the perspective of community-based tourists[J]. Tourism Management, 2012, 36: 454-468.

[116] Lee T H. How recreation involvement, place attachment and conservation commitment affect environmentally responsible behavior[J]. Journal of Sustainable Tourism, 2011, 19(7): 895-915.

[117] Lee T H. Influence analysis of community resident support for sustainable tourism development[J]. Tourism Management, 2013, 34: 37-46.

[118] Lewicka M. What makes neighborhood different from home and city? Effects of place scale on place attachment[J]. Journal of Environmental Psychology, 2010, 30(1): 35-51.

[119] Lewin K. Field theory in social science: Selected theoretical papers[J]. Psychological Bulletin, 1951, 48(6): 520-521.

[120] Liebe U, Preisendörfer P, Meyerhoff J. To pay or not to pay: Competing theories to explain individuals' willingness to pay for public environmental goods[J]. Environment and Behavior, 2011, 43(1): 106-130.

[121] Lim C, McAleer M. Ecologically sustainable tourism management[J]. Environmental Modelling & Software, 2005, 20(11), 1431-1438.

[122] Little T D. Mean and covariance structures (macs) analyses of cross-cultural data: Practical and theoretical issues[J]. Multivariate Behavioral Research, 1997, 32(1): 53-76.

[123] Liu J, Qu H, Huang D, et al. The role of social capital in encouraging residents' pro-environmental behaviors in community-based ecotourism[J]. Tourism Management, 2014, 41: 190-201.

[124] López-Mosquera N, Sánchez M. Theory of planned behavior and the value-belief-norm theory explaining willingness to pay for a suburban park[J]. Journal of Environmental Management, 2012, 113(30): 251-262.

[125] Low S M, Altman I. Place attachment[M]. Berlin: Springer, 1992: 1-314.

[126] Ma J H, Zhang J, Li L, et al. Study on Livelihood Assets-Based Spatial Dif-

ferentiation of the Income of Natural Tourism Communities[J]. Sustainability, 2018, 10(2): 353.

[127] Maloney M P, Ward M P, Braucht G N. A revised scale for the measurement of ecological attitudes and knowledge [J]. American Psychologist, 1975, 30(7): 787.

[128] Maloney M P, Ward M P. Ecology: Let's hear from the people: An objective scale for the measurement of ecological attitudes and knowledge[J]. American Psychologist, 1973, 28(7): 583-586.

[129] Mannetti L, Pierro A, Livi S. Recycling: Planned and self-expressive behavior[J]. Journal of Environmental Psychology, 2004, 24(2): 227-236.

[130] Manzo L C. For better or worse: Exploring multiple dimensions of place meaning[J]. Journal of Environmental Psychology, 2005, 25(1): 67-86.

[131] Martínez Caro L, Martinez Garcia J A. Cognitive-affective model of consumer satisfaction: An exploratory study within the framework of a sporting event [J]. Journal of Business Research, 2007, 60(2): 108-114.

[132] Matthies E, Selge S, Klöckner C A. The role of parental behaviour for the development of behaviour specific environmental norms-the example of recycling and re-use behavior[J]. Journal of Environmental Psychology, 2012, 32(3): 277-284.

[133] Meijers M H C, Stapel D A. Me tomorrow, the others later: how perspective fit increases sustainable behavior[J]. Journal of Environmental Psychology, 2011, 31: 14-20.

[134] Menzel S, Bögeholz S. Values, beliefs and norms that foster Chilean and German pupils' commitment to protect biodiversity[J]. International Journal of Environmental & Science Education, 2010, 5(1): 31-49.

[135] Mihalič T. Environmental management of a tourist destination: A factor of tourism competitiveness[J]. Tourism Management, 2000, 21(1), 65-78.

[136] Milfont T L, Sibley C G, Duckitt J. Testing the moderating role of the components of norm activation on the relationship between values and environmental behavior[J]. Journal of Cross-Cultural Psychology, 2010, 41(1): 124-131.

[137] Millar M G, Millar U. The effects of direct and indirect experience on affective and cognitive responses and the attitude behavior relation[J]. Journal of Ex-

perimental Social Psychology, 1996, 32: 561-579.

[138] Milligan M J. Interactional past and potential: The social construction of place attachment[J]. Symbolic Interaction, 1998, 21(1): 1-33.

[139] Mischel W, Shoda Y. A cognitive-affective system theory of personality: reconceptualizing situations, dispositions, dynamics, and invariance in personality structure[J]. Psychological Review, 1995, 102(2): 246-268.

[140] Mobley C, Vagias W M, DeWard S L. Exploring additional determinants of environmentally responsible behavior: The influence of environmental literature and environmental attitudes[J]. Environment and Behavior, 2010, 42(4): 420-447.

[141] Montano D E, Kasprzyk D. Theory of reasoned action, theory of planned behavior, and the integrated behavioral model[M]. //Glanz K, Rimer B, Viswanath K. Health behavior and health education: Theory, Research, and Practice. San Francison: Jossey Bass, 2008, 4: 67-95.

[142] Morgan P. Towards a developmental theory of place attachment[J]. Journal of Environmental Psychology, 2010, 30(1): 11-22.

[143] Nair G, Gustavsson L, Mahapatra K. Factors influencing energy efficiency investments in existing swedish residential buildings[J]. Energy Policy, 2010, 38(6): 2956-2963.

[144] Noe F, Hull R, Wellman J. Normative response and norm activation among ORV users within a seashore environment[J]. Leisure Sciences, 1982, 5(2): 127-142.

[145] Nunkoo R, Gursoy D, Juwaheer T D. Island residents' identities and their support for tourism: An integration of two theories[J]. Journal of Sustainable Tourism, 2010, 18(5): 675-693.

[146] Oh H, Fiore A M, Jeoung M. Measuring experience economy concepts: Tourism applications[J]. Journal of Travel Research, 2007, 46(2): 119-132.

[147] Oliver RL, Westbrook R A. Profiles of consumer emotions and satisfaction in ownership and usage[J]. Journal of Consumer Satisfaction, Dissatisfaction and Complaining Behavior, 1993, 6: 12-27.

[148] Onwezen M C, Antonides G, Bartels J. The norm activation model: An explo-

ration of the functions of anticipated pride and guilt in pro-environmental behavior[J]. Journal of Economic Psychology, 2013, 39: 141-153.

[149] Oreg S, Katz-Gerro T. Predicting proenvironmental behavior cross-nationally values, the theory of planned behavior, and value-belief-norm theory[J]. Environment and Behavior, 2006, 38(4): 462-483.

[150] Osbahr H, Twyman C, Adger W N, et al. Effective livelihood adaptation to climate change disturbance: Scale dimensions of practice in Mozambique[J]. Geoforum, 2008, 39(6): 1951-1964.

[151] Papagiannakis G, Lioukas S. Values, attitudes and perceptions of managers as predictors of corporate environmental responsiveness[J]. Journal of Environmental Management, 2012, 100: 41-51.

[152] Poortinga W, Steg L, Vlek C. Values, environmental concern, and environmental behavior a study into household energy use[J]. Environment and Behavior, 2004, 36(1): 70-93.

[153] Proshansky H M. The city and self-identity[J]. Environment and Behavior, 1978, 10(2): 147-169.

[154] Ramkissoon H, Weiler B, Smith L D G. Place attachment and pro-environmental behaviour in national parks: The development of a conceptual framework[J]. Journal of Sustainable Tourism, 2012, 20(2): 257-276.

[155] Raymond C M, Brown G, Robinson G M. The influence of place attachment, and moral and normative concerns on the conservation of native vegetation: A test of two behavioural models[J]. Journal of Environmental Psychology, 2011, 31(4): 323-335.

[156] Raymond C M, Brown G, Weber D. The measurement of place attachment: Personal, community, and environmental connections[J]. Journal of Environmental Psychology, 2010, 30(4): 422-434.

[157] Reggers A, Grabowski S, Wearing S L, Chatterton P, Schweinsberg S. Exploring outcomes of community-based tourism on the Kokoda Track, Papua New Guinea: A longitudinal study of participatory rural appraisal techniques [J]. Journal of Sustainable Tourism, 2016, 24(8-9): 1139-1117.

[158] Relph E. Place and placelessness[M]. London: Pion Limited, 1976: 1-156.

[159] Roberts J A, Bacon D R. Exploring the subtle relationships between environ-

mental concern and ecologically conscious consumer behavior[J]. Journal of Business Research, 1997, 40(1): 79-89.

[160] Roberts J A. Green consumers in the 1990s: Profile and implications for advertising[J]. Journal of Business Research, 1996, 36(3): 217-231.

[161] Rokeach M. The nature of human values[M]. New York: Free press, 1973: 345-361.

[162] Russell J A, Lewicka M, Niit T. A cross-cultural study of a circumplex model of affect[J]. Journal of Personality and Social Psychology, 1989, 57(5): 848-856.

[163] Sahin E. Predictors of Turkish elementary teacher candidates' energy conservation behaviors: An approach on value-belief-norm theory[J]. International Journal of Environmental & Science Education, 2013, 8(2): 269.

[164] Saphores J-D M, Ogunseitan O A, Shapiro A A. Willingness to engage in a pro-environmental behavior: An analysis of e-waste recycling based on a national survey of us households[J]. Resources, Conservation and Recycling, 2012, 60: 49-63.

[165] Scannell L, Gifford R . The relations between natural and civic place attachment and pro-environmental behavior[J]. Journal of Environmental Psychology, 2010, 30(3): 289-297.

[166] Scannell L, Gifford R. Defining place attachment: A tripartite organizing framework[J]. Journal of Environmental Psychology, 2010a, 30(1): 1-10.

[167] Scannell L, Gifford R. The relations between natural and civic place attachment and pro-environmental behavior[J]. Journal of Environmental Psychology, 2010b, 30(3): 289-297.

[168] Schänzel H A, McIntosh A J. An insight into the personal and emotive context of wildlife viewing at the penguin place, Otago Peninsula, New Zealand[J]. Journal of Sustainable Tourism, 2000, 8(1): 36-52.

[169] Schultz P W, Gouveia V V, Cameron L D, et al. Values and their relationship to environmental concern and conservation behavior[J]. Journal of Cross-Cultural Psychology, 2005, 36(4): 457-475.

[170] Schultz P W, Zelezny L C. Values and proenvironmental behavior a five-country survey[J]. Journal of Cross-Cultural Psychology, 1998, 29(4): 540-558.

[171] Schwartz S H, Howard J A. Explanations of the moderating effect of responsibility denial on the personal norm-behavior relationship[J]. Social Psychology Quarterly, 1980: 441-446.

[172] Schwartz S H. Are there universal aspects in the structure and contents of humanvalues? [J]. Journal of Social Issues, 1994, 50(4): 19-45.

[173] Schwartz S H. Elicitation of moral obligation and self-sacrificing behavior: An experimental study of volunteering to be a bone marrow donor[J]. Journal of Personality and Social Psychology, 1970a, 15(4): 283.

[174] Schwartz S H. Moral decision making and behavior[M]//Macauley J, Berkolvitz L. Altruism and helping behavior. New York: Academic Press, 1970b: 127-141.

[175] Schwartz S H. Normative influences on altruism[M]//Berkowitz L. Advances in experimental social psychology. New York: Academic Press, 1977: 221-279.

[176] Schwartz S H. Universals in the content and structure of values-theoretical advances and empirical tests in 20 countries[J]. Advances in Experimental Social Psychology, 1992, 25: 1-65.

[177] Schwartz S H. Mapping and interpreting cultural differences around the world [M]//Vinken H, Soeters J, Ester P. Comparing cultures, dimensions of culture in a comparative perspective. Leiden: Brill, 2004: 43-73.

[178] Sheryl Ross and Geoffrey Wall. Evaluating ecotourism: The case of North Sulawesi, Indonesia[J]. Tourism Management, 1999, 20(6): 673-682.

[179] Shoreman-Quimet E, Kopnina H. Introduction: Environmental anthropology yesterday and today[M]//Kopnina H, Shoreman-Ouimet E. Environmental anthropology today. London and New York: Routledge, 2011: 1-34.

[180] Sivek D J, Hungerford H. Predictors of responsible behavior in members of three Wisconsin conservation organizations[J]. Journal of Environmental Education, 1990, 21(2): 35-40.

[181] Sivek D J, Hungerford H. Predictors of responsible behavior in members of three Wisconsin conservation organizations[J]. The Journal of Environmental Education, 1990, 21(2): 35-40.

[182] Skidmore W. Theoretical thinking in sociology[M]. New York: Cambridge

University Press, 1979: 1-260.

[183] Smith-Sebasto N, D' Costa A. Designing a likert-type scale to predict environmentally responsible behavior in undergraduate students: A multistep process [J]. The Journal of Environmental Education, 1995, 27(1): 14-20.

[184] Somarriba-Chang M A, Gunnarsdotter Y. Local community participation in ecotourism and conservation issues in two nature reserves in Nicaragua [J]. Journal of Sustainable Tourism, 2012, 20(8): 1025-1043.

[185] Spash C L, Urama K, Burton R, et al. Motives behind willingness to pay for improving biodiversity in a water ecosystem: Economics, ethics and social psychology[J]. Ecological Economics, 2009, 68(4): 955-964.

[186] Staats H, Harland P, Wilke H A. Effecting durable change a team approach to improve environmental behavior in the household[J]. Environment and Behavior, 2004, 36(3): 341-367.

[187] Stedman R C. Toward a social psychology of place predicting behavior from place-based cognitions, attitude, and identity [J]. Environment and Behavior, 2002, 34(5): 561-581.

[188] Steg L, Dreijerink L, Abrahamse W. Factors influencing the acceptability of energy policies: A test of vbn theory [J]. Journal of Environmental Psychology, 2005, 25(4): 415-425.

[189] Steg L, Vlek C. Encouraging pro-environmental behaviour: An integrative review and research agenda[J]. Journal of Environmental Psychology, 2009, 29(3): 309-317.

[190] Stern P C, Dietz T. The value basis of environmental concern[J]. Journal of Social Issues, 1994, 50(3): 65-84.

[191] Stern P C, Dietz T, Guagnano G A. The new ecological paradigm in social-psychological context [J]. Environment and Behavior, 1995, 27(6): 723-743.

[192] Stern P C, Kalof L, Dietz T, et al. Values, beliefs, and proenvironmental action: Attitude formation toward emergent attitude objects[J]. Journal of Applied Social Psychology, 1995, 25(18): 1611-1636.

[193] Stern P C, Dietz T, Guagnano G A. A brief inventory of values[J]. Educational and Psychological Measurement, 1998, 58(6): 984-1001.

[194] Stern P C, Dietz T, Abel T, et al. A value-belief-norm theory of support for social movements: The case of environmentalism [J]. Human Ecology Review, 1999, 6(2): 81-98.

[195] Stern P C. Toward a coherent theory of environmentally significant behavior [J]. Journal of Social Issues, 2000, 56(3): 407-424.

[196] Stern P C. New environmental theories: Toward a coherent theory of environmentally significant behavior [J]. Journal of Social Issues, 2002, 56(3): 407-424.

[197] Stokols D, Shumaker S A. People in places: A transactional view of settings [M]//Harvey J H. Cognition, social behavior and the environment. Hillsdale: Eflhaum, 1981: 441-488.

[198] Stone M T, Nyaupane G P. Protected areas, tourism and community livelihoods linkages: A comprehensive analysis approach [J]. Journal of Sustainable Tourism, 2015, 24(5): 673-693.

[199] Stone M T, Nyaupane G P. Ecotourism influence on community needs and the functions of protected areas: A systems thinking approach [J]. Journal of Ecotourism, 2017, 16(3), 222-246.

[200] Stone M T, Nyaupane G P. Protected areas, wildlife-based community tourism and community livelihoods dynamics: spiraling up and down of community capitals [J]. Journal of Sustainable Tourism, 2018, 26(2): 307-324.

[201] Straughan R D, Roberts J A. Environmental segmentation alternatives: A look at green consumer behavior in the new millennium [J]. Journal of Consumer Marketing, 1999, 16(6): 558-575.

[202] Tanner C, Kast S W. Promoting sustainable consumption: Determinants of green purchases by Swiss consumers [J]. Psychology & Marketing, 2003, 20(10): 883-902.

[203] Teisl M F, O' Brien K. Who cares and who acts? Outdoor recreationists exhibit different levels of environmental concern and behavior [J]. Environment and Behavior, 2003, 35(4): 506-522.

[204] Thapa B, Graefe A R. Forest recreationists and environmentalism [J]. Journal of Park and Recreation Administration, 2003, 21(1): 75-103.

[205] Thøgersen J, Ölander F. The dynamic interaction of personal norms and envi-

ronment - friendly buying behavior: A panel study[J]. Journal of Applied Social Psychology, 2006, 36(7): 1758-1780.

[206] Tonglet M, Phillips P S, Read A D. Using the theory of planned behaviour to investigate the determinants of recycling behaviour: A case study from Brixworth, UK[J]. Resources, Conservation and Recycling, 2004, 41(3): 191-214.

[207] Tuan Y F. Topophilia: A study of environmental perception, attitudes, and values[M]. New York: Columbia University Press, 1974.

[208] Tuan Y F. Rootedness versus sense of place[J]. Landscape, 1980, 24(1): 3-8.

[209] Turner J H, Turner P R. The structure of sociological theory[M]. Chicago: Wadsworth Publishing Company Belmont, 1991.

[210] Tyler T R, Orwin R, Schurer L. Defensive denial and high cost prosocial behavior[J]. Basic and Applied Social Psychology, 1982, 3(4): 267-281.

[211] Uzzell D, Pol E, Badenas D. Place identification, social cohesion, and enviornmental sustainability[J]. Environment and Behavior, 2002, 34(1): 26-53.

[212] Van Liere K D, Dunlap R E. Moral norms and environmental behavior-application of schwartz's norm-activation model to yard burning[J]. Journal of Applied Social Psychology, 1978, 8(2): 174-188.

[213] Van Liere K D, Dunlap R E. The social bases of environmental concern: A review of hypotheses, explanations and empirical evidence[J]. Public Opinion Quarterly, 1980, 44(2): 181-197.

[214] Van Raaij W F. Stages of behavioural change: Motivation, ability and opportunity[M]//Bartels G, Nelissen W. Marketing for sustainability: Towards transactional policy-making. Amsterdam, The Netherlands: IOS Press, 2002: 321-333.

[215] Van Riper C J, Kyle G T. Understanding the internal processes of behavioral engagement in a national park: A latent variable path analysis of the value-belief-norm theory[J]. Journal of Environmental Psychology, 2014, 38: 288-297.

[216] Vaske J J, Kobrin K C. Place attachment and environmentally responsible be-

havior[J]. The Journal of Environmental Education, 2001, 32(4): 16-21.

[217] Vining J, Ebreo A. Predicting recycling behavior from global and specific environmental attitudes and changes in recycling opportunities[J]. Journal of Applied Social Psychology, 1992, 22(20): 1580-1607.

[218] Walker A J, Ryan R L. Place attachment and landscape preservation in rural New England: A maine case study[J]. Landscape and Urban Planning, 2008, 86(2): 141-152.

[219] Walker G J, Chapman R, Bricker K. Thinking like a park: The effects of sense of place, perspective-taking, and empathy on pro-environmental intentions[J]. Journal of Park and Recreation Administration, 2003, 21(4): 71-86.

[220] Wang F, Yang D, Wang C, et al. The Effect of Payments for Ecosystem Services Programs on the Relationship of Livelihood Capital and Livelihood Strategy among Rural Communities in Northwestern China[J]. Sustainability, 2015, 7(7): 9628-9648.

[221] Wauters E, Bielders C, Poesen J, et al. Adoption of soil conservation practices in belgium: An examination of the theory of planned behaviour in the agri-environmental domain[J]. Land Use Policy, 2010, 27(1): 86-94.

[222] Weigel R, Weigel J. Environmental concern the development of a measure [J]. Environment and Behavior, 1978, 10(1): 3-15.

[223] Wester M, Eklund B. "My husband usually makes those decisions": Gender, behavior, and attitudes toward the marine environment[J]. Environmental Management, 2011, 48(1): 70-80.

[224] Wiernik B M, Ones D S, Dilchert S. Age and environmental sustainability: A meta-analysis[J]. Journal of Managerial Psychology, 2013, 28(7/8): 7-7.

[225] Wiles J L, Allen R E, Palmer A J, et al. Older people and their social spaces: A study of well-being and attachment to place in aotearoa new zealand [J]. Social Science and Medicine, 2009, 68(4): 664-671.

[226] Woo E, Uysal M, Sirgy M J. Tourism impact and stakeholders' quality of life [J]. Journal of Hospitality & Tourism Research, 2018, 42(2): 260-286.

[227] Xue L, Kerstetter D. Rural tourism and livelihood change: An emic perspective[J]. Journal of Hospitality & Tourism Research, 2018, 43(3): 416-437.

[228] Yuksel A, Yuksel F, Bilim Y. Destination attachment: Effects on customer satisfaction and cognitive, affective and conative loyalty[J]. Tourism Management, 2010, 31(2): 274-284.

[229] Zhang Y L, Xiao, Zheng C H, et al. Is tourism participation in protected areas the best livelihood strategy from the perspective of community development and environmental protection? [J] Journal of Sustainable Tourism, 2020, 28 (4): 587-650.

[230] Zhang Y, Wang Z, Zhou G. Antecedents of employee electricity saving behavior in organizations: An empirical study based on norm activation model[J]. Energy Policy, 2013, 62: 1120-1127.

[231] Zhang Y L, Zhang H L, Zhang J, Cheng S. Predicting residents' Environmental Conservation Behaviors at Tourist Sites: The Role of Awareness of Disasters Consequences, Values, and Place Attachment[J]. Journal of Environmental Psychology, 2014, 40: 131-146.

[232] Zhang Y L, Zhang H L, Zhang J, et al. The Impact of Cognition of Landscape Experience on Tourist's Environmental Conservation Behaviors in Tourist Site [J]. Journal of Mountain Science, 2015, 12(2): 501-517.

[233] Zins A H. Consumption emotions, experience quality and satisfaction: A structural analysis for complainers versus non-complainers [J]. Journal of Travel & Tourism Marketing, 2002, 12(2-3): 3-18.

[234] 才让. 藏传佛教信仰与民俗[M]. 北京: 民族出版社, 1999: 1-278.

[235] 常跟应, 李国敬, 黄夫鹏, 等. 我国内陆和流域居民价值取向与用水行为研究——张掖城市居民案例[J]. 干旱区资源与环境, 2012, 26(11): 20-24.

[236] 陈盼, 唐亚, 乔雪, 等. 山地灾害和人类活动干扰下九寨沟下季节海的沉积变化[J]. 山地学报, 2011, 29(5): 534-542.

[237] 程绍文, 张捷, 徐菲菲. 自然旅游地居民自然保护态度的影响因素——中国九寨沟和英国新森林国家公园的比较[J]. 生态学报, 2010, 23(23): 6487-6494.

[238] 程绍文, 张捷, 徐菲菲, 等. 影响感知对其旅游态度的影响——对中国九寨沟和英国 NF 国家公园的比较研究[J]. 地理研究, 2010, 29(12): 2179-2188.

[239] 丁国盛，李涛. SPSS 统计教程：从研究设计到数据分析[M]. 北京：机械工业出版社，2006，139-155.

[240] 范文静，霍斯佳，孙克勤. 四川省地质灾害对世界遗产地的影响——以青城山和都江堰灌溉系统为例[J]. 中国人口·资源与环境，2011，21(12)：504-507.

[241] 冯丽娜. 论人生价值实现与道德人格健全[J]. 前沿，2005(08)：109-110.

[242] 付道领. 初中生体育锻炼行为的影响因素及作用机制研究[D]. 重庆：西南大学，2012，21-133.

[243] 韩少梅. 第六讲研究结果的统计学问题[J]. 基础医学与临床，2004，24(4)：477-482.

[244] 郝瑞斌，郑祥民. 试论公众参与环境决策[J]. 重庆环境科学，2002，24(4)：1-3.

[245] 何仁伟，刘邵权，刘运伟，等. 典型山区农户生计资本评价及其空间格局——以四川省凉山彝族自治州为例[J]. 山地学报，2014，32(6)：641-651.

[246] 何学欢，胡东滨，粟路军. 境外旅游者环境责任行为研究进展及启示[J]. 旅游学刊，2017(9)：57-69.

[247] 贺爱忠，杜静，陈美丽. 零售企业绿色认知和绿色情感对绿色行为的影响机理[J]. 中国软科学，2013，27(4)：117-127.

[248] 洪大用. 环境关心的测量：NEP 量表在中国的应用评估[J]. 社会，2006，26(5)：71-92.

[249] 胡欣. 旅游者个体特征与环保行为之关系研究[D]. 上海：上海师范大学，2011，40-56.

[250] 胡勇. 在线学习平台使用意向预测预测模型的构建和测量[J]. 电化教育研究，2014，(9)：71-78.

[251] 金太军，沈承诚. 论公民环境友好行为的规塑路径：价值浸润与空间规引[J]. 理论探讨，2013，29(6)：9-12.

[252] 朗格 SK，Langer S，刘大基，等. 情感与形式[M]. 北京：中国社会科学出版社，1986.

[253] 李刚. 九寨沟自然保护区生态旅游与社区参与互动模式研究[D]. 成都：四川农业大学，2012，14-32.

[254] 李广东，邱道持，王利平，等. 生计资产差异对农户耕地保护补偿模式选

择的影响——渝西方山丘陵不同地带样点村的实证分析[J]. 地理学报, 2012, 67(4): 504-515.

[255] 李敏, 张捷, 董雪旺, 等. 目的地特殊自然灾害后游客的认知研究[J]. 地理学报, 2011a, 66(12): 1695-1706.

[256] 李敏, 张捷, 钟士恩, 等. 地震前后灾区旅游地国内游客旅游动机变化研究[J]. 地理科学, 2011b, 31(12): 1533-1540.

[257] 李倩. 自然灾害对旅游地社区满意度影响探究——以四川省九寨沟景区为例[J]. 江西农业学报, 2012, 24(3): 190-193.

[258] 李燕琴. 敏感型旅游目的地游客管理的机理与原则探讨[J]. 生态经济, 2009, 24(1): 150-154.

[259] 栗晓红. 社会人口特征与环境关心: 基于农村的数据[J]. 中国人口·资源与环境, 2011, 21(12): 121-128.

[260] 梁育填, 樊杰, 孙威. 西南山区农村生活能源消费结构的影响因素分析——以云南省昭通市为例[J]. 地理学报, 2012, 67(2): 221-229.

[261] 林雅军. 休眠品牌的品牌关系再续意愿的影响因素分析[J]. 统计与决策, 2011, (11): 102-104.

[262] 刘建国. 城市居民环境意识与环境行为关系研究[D]. 兰州: 兰州大学, 2007, 35-81.

[263] 刘江涛, 成秋明, 王建国. 结构方程模型在地球化学数据分析中的应用[J]. 地球科学(中国地质大学学报), 2012, 37(6): 1191-1198.

[264] 刘静艳, 王郝, 陈荣庆. 生态住宿体验和个人涉入度对游客环保行为意向的影响研究[J]. 旅游学刊, 2009, 24(8): 82-88.

[265] 刘如菲. 游客环境行为分析及其对可持续旅游选择性营销的启示——以九寨沟为例[J]. 人文地理, 2010, 24(6): 114-119.

[266] 刘贤伟. 价值观、新生态范式以及环境心理控制源对亲环境行为的影响[D]. 北京: 北京林业大学, 2012, 52-59.

[267] 彭丽娟, 徐宏罡. 基于社会交换理论的洗涤古村落私人空间转化机制研究[J]. 人文地理, 2011, (5): 29-33.

[268] 彭向刚. 程波辉. 论执行文化是执行力建设的基础[J]. 学术研究, 2014, (5): 17-25.

[269] 彭远春. 城市居民环境行为的结构制约[J]. 社会学评论, 2013, 1(4): 29-41.

[270] 祁秋寅，张捷，杨旸，等. 自然遗产地游客环境态度与环境行为倾向研究——以九寨沟为例[J]. 旅游学刊，2009，11(11)：41-46.
[271] 沈立军. 大学生环境价值观、环境态度和环境行为的特点及关系研究[D]. 太原：山西大学，2008.
[272] 盛科荣. 相对贫困地区主体功能建设与可持续发展研究：以云南昭通为例对我国江河上中游相对贫困地区的探讨[D]. 北京：中国科学院地理科学与资源研究所，2006.
[273] 孙岩. 居民环境行为及其影响因素研究[D]. 大连：大连理工大学，2006，99-110.
[274] 唐文跃，张捷，罗浩，等. 九寨沟自然观光地旅游者地方感特征分析[J]. 地理学报，2007，62(6)：599-608.
[275] 唐文跃. 九寨沟旅游者地方感对资源保护态度的影响[J]. 长江流域资源与环境，2011，20(5)：574-578.
[276] 万基财，张捷，卢韶婧，等. 九寨沟地方特质与旅游者地方依恋和环保行为倾向的关系[J]. 地理科学进展，2014，33(3)：411-421.
[277] 万基财，张捷，卢韶婧，等. 九寨沟地方特质与旅游者地方依恋和环保行为倾向的关系[J]. 地理科学进展，2014，(03)：125-135.
[278] 王成超. 农户生计行为变迁的生态效应——基于社区增权理论的案例研究[J]. 中国农学通报，2010，26(18)：315-319.
[279] 王凤. 公众参与环保行为影响因素的实证研究[J]. 中国人口·资源与环境，2008，18(6)：30-35.
[280] 王建明. 环境情感的维度结构及其对消费碳减排行为的影响——情感—行为的双因素理论假说及其验证[J]. 管理世界，2015，(12)：82-95.
[281] 王鹤岩. 人类破坏环境行为的动因及其价值观分析[J]. 哈尔滨工业大学学报(社会科学版)，2004，6(2)：16-19.
[282] 王利平，王成，李晓庆. 基于生计资产量化的农户分化研究——以重庆市沙坪坝区白林村 471 户农户为例[J]. 地理研究，2012，31(5)：945-954.
[283] 王琪延，侯鹏. 北京城市居民环境行为意愿研究[J]. 中国人口·资源与环境，2012，20(10)：61-67.
[284] 王文东. 中国道教的生态伦理精神[J]. 中国道教，2003，(3)：21-23.
[285] 王昕. 旅游景区的旅游活动“引导”设计探讨——以都江堰为例[J]. 人文地理，2002，17(3)：44-46.

[286] 王新歌，席建超，陈田. 社区居民生计模式变迁与土地利用变化的耦合协调研究——以大连金石滩旅游度假区为例[J]. 旅游学刊，2017，32(3)：107-116.

[287] 维克多·密德尔敦，向萍. 旅游营销学[M]. 中译本. 北京：中国旅游出版社，2001：64-71.

[288] 吴孔森，杨新军，尹莎. 环境变化影响下农户生计选择与可持续性研究——以民勤绿洲社区为例[J]. 经济地理，2016，36(9)：141-149.

[289] 吴铭隆. 结构方程模型：AMOS 的操作与应用[M]. 重庆：重庆大学出版社，2009a，15-62.

[290] 吴铭隆. 问卷统计分析实务——SPSS 操作与应用[M]. 重庆：重庆大学出版社，2009b，237-265.

[291] 武淑琴，张岩波. 结构方程模型等同性检验及其在分组比较中的应用[J]. 中国卫生统计，2011，28(3)：237-239.

[292] 徐鹏，徐明凯，杜漪. 农户可持续生计资产的整合与应用研究：基于西部10县(区)农户可持续生计资产状况的实证分析[J]. 农村经济，2008，(12)：89-93.

[293] 闫晓霞. 四种虚拟研发团队基本类型的比较研究[D]. 西安：西北工业大学，2006，33-48.

[294] 阎建忠，张镱锂，朱会义，等. 大渡河上游不同地带居民对环境退化的响应[J]. 地理学报，2006，61(2)：146-156.

[295] 叶小华，郜艳晖，张敏，等. 高中生健康行为影响因素的多组通径分析[J]. 现代预防医学，2013，40(12)：2192-2195.

[296] 余晓婷，吴小根，张玉玲，等. 游客环境责任行为驱动因素研究——以台湾为例[J]. 旅游学刊，2015，30(07)：49-59.

[297] 张春丽，佟连军，刘继斌. 湿地退耕还湿与替代生计选择的农民响应研究——以三江自然保护区为例[J]. 自然资源学报，2008，23(4)：568-574.

[298] 张毅祥，郭旭升，郭彩云. 员工节能习惯影响因素研究[J]. 北京理工大学学报(社会科学版)，2013，15(2)：10-15.

[299] 张玉玲，张捷，张宏磊，等. 文化与自然灾害对四川居民保护旅游地生态环境行为的影响[J]. 生态学报，2014a，34(17)：5103-5113.

[300] 张玉玲，张捷，赵文慧. 居民环境后果认知对保护旅游地环境行为影响研

究[J]. 中国人口·资源与环境，2014b，24(7)：149-156.

[301] 张玉玲，肖潇，郑春晖，等. 环境管制约束下南岭居民环保行为研究——基于社会交换理论分析[J]. 中南林业科技大学学报(社会科学版)，2018，12(5)：24-30，60.

[302] 赵黎明，张海波，孙健慧. 旅游情境下公众低碳旅游行为影响因素研究——以三亚游客为例[J]. 资源科学，2015，37(1)：201-210.

[303] 赵晓宁. 中国世界文化遗产地可持续发展的外部性问题研究——以四川青城山保护区房地产开发为例[J]. 西南民族大学学报(人文社科版)，2005，26(9)：230-234.

[304] 赵雪雁. 生计资本对农牧民生活满意度的影响——以甘南高原为例[J]. 地理研究，2011，30(4)：687-698.

[305] 赵宗金，董丽丽，王小芳. 地方依附感与环境行为的关系研究——基于沙滩旅游人群的调查[J]. 社会学评论，2013，1(3)：76-85.

[306] 钟林生，石强，王宪礼. 论生态旅游者的保护性旅游行为[J]. 中南林业科技大学学报，2000，02：62-65.

[307] 周玲强，李秋成，朱琳. 行为效能、人地情感与旅游者环境负责行为意愿：一个基于计划行为理论的改进模型[J]. 浙江大学学报(人文社会科学版)，2014，44(02)：88-98.

[308] 朱竑，刘博. 地方感、地方依恋与地方认同等概念的辨析及研究启示[J]. 华南师范大学学报，2011，55(1)：1-8.

图书在版编目（CIP）数据

生态敏感型旅游地环境保护：地理学的凝视 / 张玉玲著. —南京：南京大学出版社，2022. 4

ISBN 978-7-305-24968-6

Ⅰ. ①生… Ⅱ. ①张… Ⅲ. ①旅游地—生态环境保护—研究—中国 Ⅳ. ①X321. 2

中国版本图书馆 CIP 数据核字（2021）第 176369 号

出 版 者　南京大学出版社
社　　址　南京市汉口路 22 号　　　邮　编　210093
出 版 人　金鑫荣

书　　名　生态敏感型旅游地环境保护：地理学的凝视
著　　者　张玉玲
责任编辑　吴　汀

照　　排　南京紫藤制版印务中心
印　　刷　南京玉河印刷厂
开　　本　787×960　1/16　印张 13. 5　字数 279 千
版　　次　2022 年 4 月第 1 版　2022 年 4 月第 1 次印刷
ISBN 978-7-305-24968-6
定　　价　68. 00 元

网　　址　http: //www. njupco. com
官方微博　http: //weibo. com/njupco
官方微信　njupress
销售咨询　025-83594756